La Vigne

ET

LE VIN

PAR

Roger MARSELT

NIMES
IMPRIMERIE GAILLARD ET Cie, B. GUILLOT, SUCC[r]
boulevard Amiral-Courbet, 10

1893

LÉONCE GUIS

INVENTEUR-CRÉATEUR

de la fabrication Industrielle

Des TOURTEAUX de SÉSAME SULFURÉS

DOSAGES minimum garantis		DOSAGES effectifs constatés
AZOTE 6 o/o		AZOTE 7 o/o
ACIDE phosphorique 2,22 o/o		ACIDE phosphorique 3 o/o
POTASSE 1,47 o/o		POTASSE 2,23 o/o
SACS PLOMBÉS		SACS PLOMBÉS

Les résultats remarquables obtenus par l'emploi de nos Tourteaux s'expliquent par la variété et l'abondance de leurs principes fertilisants que les plantes absorbent avec une étonnante facilité d'assimilation.

TOURTEAUX

POUR TOUTE CULTURE — POUR TOUTE CULTURE

SÉSAME

6% AZOTE GARANTI — 7% AZOTE EFFECTIF

SULFURÉ

LE PLUS PUISSANT DES ENGRAIS NATURELS

LÉONCE GUIS MARSEILLE

EXIGER LA MARQUE DE FABRIQUE

NOTICES ET ÉCHANTILLONS ENVOYÉS SUR DEMANDE

BUREAUX 37 RUE DE VILLAGE

USINE À PONT DE VIVAUX

Nos Tourteaux, engrais organiques puissants, conviennent à toutes les cultures. Ils donnent, à la vigne surtout, une vigueur remarquable. Aucun autre engrais ne saurait leur être comparé.

Se méfier des Imitations

EXIGER LA MARQUE : "LE SAC"

Nos Tourteaux se conservent indéfiniment sans perdre leurs qualités fertilisantes, nous en répondons même après un an de réception, pourvu que le plomb de garantie soit intact, et même alors nous mettons nos clients au défi de faire constater un dosage inférieur à celui que nous garantissons

Les Tourteaux de Sésame de ma fabrication ont obtenu les plus hautes récompenses aux Expositions de PARIS 1889, Toulouse, Cette, Alger, Uzès et Arles.

La Vigne

ET

LE VIN

PAR

Roger MARSELT

NIMES
IMPRIMERIE GAILLARD ET Cie, B. GUILLOT, SUCC^r
boulevard Amiral-Courbet, 10

1893

LA VIGNE ET LE VIN

CHAPITRE PREMIER

Le Vignoble Français

Il n'est pas de pays au monde qui produise autant de vin que la France. Le vignoble français, avant l'invasion du phylloxera, a donné, dans les bonnes années, jusqu'à 75 et même 80 millions d'hectolitres. Ce petit puceron, cet insecte à peine visible au microscope, cet infiniment petit, qui se multiplie dans des proportions infiniment grandes, a failli nous faire perdre ce premier rang.

Dès l'invasion phylloxérique en France, les pays étrangers, prévoyant qu'il y avait, vu le mal qui nous frappait, possibilité de s'emparer des marchés étrangers à leur bénéfice, firent des plantations nombreuses. Partout, en Italie, en Espagne, en Hongrie, en Dalmatie, des vignobles immenses surgirent, dont l'importante production vint faire, même sur les marchés français, une concurrence désastreuse à nos vins nationaux. Pendant plus de dix ans, l'Espagne ne nous a-t-elle pas, en effet, inondés de ses produits ? La grande fécondité vinicole de son sol, le bon marché de la main d'œuvre, la valeur moindre des terrains, la faiblesse des impôts, et, il faut bien le dire aussi, les facilités au point de vue douanier de l'introduction des vins espagnols en France, ont fait de cette dernière la tributaire de l'Espagne.

Il n'y avait d'ailleurs guère moyen de faire autrement. Notre production vinicole tombait à 28 millions d'hectolitres de 1884 à 1889. Si nous défalquons de cette quantité 3 millions d'hectolitres de nos grands crûs réclamés par l'exportation et 7 ou 8 millions d'hectolitres nécessaires à la fabrication de l'alcool, nous constatons que pendant ces cinq années, de 1884 à 1889, la production des vins français courants ne s'élève pas à plus de 17 à 18 millions d'hectolitres. Il fallait bien tirer de l'étranger le complément indispensable à la consommation française qui s'élève à près de 35 millions d'hectolitres.

Hâtons-nous de le dire, pourtant ; malgré les ravages du phylloxéra, malgré les maladies cryptogamiques nombreuses qui sont venues l'assaillir, notre vignoble est encore le plus grand, puisqu'il comprend aujourd'hui près de 2 millions d'hectares. La concurrence étrangère n'a *donc rien* qui puisse nous effrayer pour l'avenir.

Nos tarifs douaniers seront suffisants pour protéger les marchés français ; quant aux *marchés étrangers*, le moyen le plus sûr de les reconquérir, ou tout au moins d'en partager les bénéfices avec nos concurrents, réside dans l'amélioration continue de notre production vinicole. Faire de bons vins, voilà le but que tout viticulteur soucieux de ses intérêts doit poursuivre. Qu'il ne se laisse plus guider par la routine, qu'il traite ses vignobles et fasse son vin d'après les procédés scientifiques que l'expérience de ces dernières années a consacrés, qu'il s'impose une surveillance de tous les instants, une activité sans cesse en éveil, une application constante à faire toujours mieux. Alors, mais seulement alors, nos vignobles nous fourniront en abondance des vins qui, par leurs qualités, sauront s'imposer, non-seulement en France, mais à l'étranger. Alors, mais seulement alors, nous aurons repris cette place première sur le marché du monde dont nous pouvons à bon droit nous énorgueillir.

C'est dans le but de donner aux viticulteurs les meilleures méthodes de culture et de vinification que ce livre a été écrit.

Puissent ces modestes pages être utiles au plus grand nombre.

⁂

Avant d'aborder le côté pratique, nous croyons devoir donner au lecteur un aperçu des ressources vinicoles de notre pays. Pour plus de clarté nous diviserons le vignoble Français en régions et nous étudierons successivement chacune d'elles en quelques mots.

I. — Vins du Bordelais

Les vins du Bordelais, désignés habituellement sous le nom de *Vins de Bordeaux*, sont particulièrement récoltés dans le département de la Gironde.

Cette région offre au consommateur de : ombreuses espèces de vins. Malgré sa réputation que lui ont acquise ses vins fins, elle produit en plus grande quantité des vins ordinaires de qualités très variables. Néanmoins tous ces vins ont entre eux des rapports communs qui ne laissent aucun doute sur leur provenance au palais exercé du dégustateur.

Nous ne ferons pas ici l'éloge des vins du Bordelais. Ils sont trop connus pour que cela soit nécessaire. Nous nous bornerons à en donner une classification rationnelle et pour cela nous n'avons qu'à rappeller la classification faite par le commerce de Bordeaux.

Nous nous occuperons d'abord des vins rouges que l'on divise en :

Vins de Médoc,
Vins de Graves,
Vins de Palus,
Vins de Côtes,
Vins de Terres fortes,
Vins d'Entre deux mers.

Les premières catégories de ces vins donnent les crûs exceptionnels qui ont fait la réputation universelle de ce vignoble.

I. Vins du Médoc. — Le Médoc est la partie du département de la Gironde comprise entre la Gironde et l'Océan, c'est-à-dire le territoire composé par l'arrondissement de Lesparre et une partie de l'arrondissement de Bordeaux.

Le Médoc se subdivise lui-même en trois régions bien tranchées selon la qualité plus ou moins supérieure des vins qu'on y récolte :

1° Le Haut Médoc qui comprend les cantons de Pauillac, Monségur, Blanquefort et une partie des cantons de Castelnau de Médoc et de Lesparre.

2° Le Bas Médoc comprend les cantons de Saint-Vivien, Saint-Savin et une partie du canton de Lesparre.

3° Le Petit Médoc comprend une partie des cantons de Castelnau de Médoc, Saint-Savin, Lesparre et Blanquefort,

Le Haut Médoc donne les vins les plus renommés : le Château-Laffitte, le Château-Latour, récoltés dans les communes de Pauillac, le Château-Margaux dans la commune de Margaux, le Château-Haut-Brion dans la commune de Pessac.

Les autres crûs du Haut Médoc, bien que n'atteignant pas le parfum exquis des premiers, s'en rapprochent de très-près, et quelquefois même les atteignent dans certaines bonnes années. Citons les

Mouton et les Pichon-Longueville dans la commune de Pauillac, les Rauzan-Gassiès, les Rauzan-Ségla, les Lascombes dans la commune de Margaux ; les Léoville, les Gruau-Laroze dans la commune de St-Julien, les clos d'Estournel, les Montrose dans la commune de St-Estèphe.

Il suffit de donner l'énumération de ces quelques grands vins qui ont valu à la région du Bordelais sa réputation bien méritée. Certes, il y a d'autres crûs qui les valent presque, mais leur nomenclature complète nous entraînerait trop loin. Ce sont les vins de première ligne que nous avons nommés ci-dessus.

Les vins de 2e ligne sont fournis par le Petit-Médoc.

Quant aux vins du Bas-Médoc, ils sont d'une infériorité relative. Ce sont des produits moins complets.

II. Vins de Graves. — On désigne sous le nom de Graves des terrains graveleux qui entourent Bordeaux au Nord-Ouest, à l'Ouest et au Sud-Est.

Les vins rouges de Graves ont une belle couleur, de la sève et de la finesse, mais il ont moins de bouquet et de saveur que ceux du Médoc. Ils ont plus d'alcool que ces derniers et sont en général plus médiocres. Les meilleurs sont ceux de Pessac, de Barsac, de Gradignan et de Villeneuve d'Ormons.

III. Vins de Palus. — Les Palus sont les terrains gras qui bordent les rives de la Garonne et de la Dordogne, provenant des alluvions de ces cours d'eau.

Les vins de Palus sont en général très colorés, assez corsés, mais un peu mous. Les meilleurs sont fournis par les terrains situés sur la rive droite de la Garonne.

On se servait autrefois de ces vins pour renforcer les vins faibles du Médoc, mais les cépages nouvellement plantés ne donnent plus les vins solides d'autrefois, aussi emploie-t-on maintenant à cet usage les vins du Roussillon, de Beni-Carlo et de l'Agenais.

IV. Vins des Côtes. — Sur les côteaux élevés qui bordent les rives droites de la Garonne et de la Dordogne on récolte des vins excellents comme vins ordinaires désignés par le commerce sous le nom de Vins de Côtes. Les meilleurs sont fournis par la Rive droite de la Dordogne sur les côteaux de St-Emilion. Ils sont d'une belle couleur, généreux, agréables et parfumés. On comprend aussi sous le nom de *vins de St-Emilion* les vins fournis par les territoires voisins. Au premier rang se placent les communes de St-Christophe, St-Georges et St-Martin de Mazerac.

V. Vins de Terres fortes. — Les vins dits de Terres fortes sont récoltés dans les terrains bas du Médoc qui ne possèdent point de gravier. Ce sont des vins ordinaires de deuxième et troisième qualités.

VI. Vins d'Entre deux Mers. — Ces vins terminent la série des vins rouges du Bordelais. Ce sont en général des vins verts et sans qualité, qui n'ont qu'une valeur toute relative. On les consomme d'ailleurs sur place dans la région qui les fournit, c'est-à-dire dans la partie du département de la Gironde comprise entre la Garonne et la Dordogne.

Les vins blancs du Bordelais se récoltent sur la rive droite et sur la rive gauche de la Garonne.

Ceux de la rive gauche sont les plus renommés. C'est le pays de Sauterne qui produit les meilleurs; c'est dans cette commune que se récolte le Château-Yquem, ce nectar incomparable, sans rival dans le monde.

Les grands vins blancs du Bordelais sont fournis par deux cépages, le Semillon et le Sauvignon, mélangés dans la proportion de deux tiers du premier et d'un tiers du second.

Les vins blancs des territoires de Barsac et de Preignac sont aussi délicieux ; ils approchent parfois des Sauterne, quoique d'une force spiritueuse un peu plus élevée.

A côté de ces grands vins, la région des Graves et des Côtes fournit de petits vins blancs assez agréables dont le commerce se sert habituellement pour les coupages,

Les vins blancs de la rive droite de la Garonne, quoique inférieurs à ceux de la rive gauche, possèdent cependant quelques qualités. Les meilleurs sont fournis par les communes de Langoiran, Loupiac, Baurech, Paillet et Tabanac.

II. — Vins de Bourgogne

On comprend sous cette dénomination générale les vins de la Haute-Bourgogne (département de la Côte-d'Or), de la Basse-Bourgogne (Yonne et Aube), du Mâconnais (Saône-et-Loire) et du Beaujolais (Rhône).

Ces vins sont renommés à juste titre et quelques-uns jouissent d'une réputation égale à celle des meilleurs crûs du Bordelais.

I. Vins de la Haute-Bourgogne. — Citons, parmi les meilleurs vins rouges, le Chambertin récolté dans la commune de Gevrey, le Clos Vougeot dans les communes de Vougeot et de Flagey-les-Silly, le Saint-Georges et le Premeau dans la commune de Nuits, le Romanée dans la commune de Vosne, de Corton dans la commune d'Aloxe, les vins des communes de Pomard, Volnay, Beaune, Chassagne, Savigny.

Autour de ces crûs de haute marque viennent se grouper un très grand nombre d'autres vins qui, sans égaler les premiers, offrent généralement les mêmes caractères qui ne peuvent laisser aucun doute sur leur origine.

La Haute-Bourgogne fournit aussi des vins blancs qui se recommandent par leur finesse et leur bouquet particulier. Récolté dans la commune de Puligny, le Montrachet est de tous le plus estimé. La commune de Meursault fournit aussi un excellent vin blanc qui peut atteindre parfois la valeur du Montrachet.

II. Vins de la Basse-Bourgogne. — Ces vins sont fournis principalement par le département de l'Yonne. Les plus estimés sont les crûs provenant des environs de Tonnerre et d'Auxerre. Ils sont corsés, d'une belle couleur, ils ont de la sève et un excellent bouquet.

En première ligne se placent les vins de la commune de Dannemoine à 4 kilomètres de Tonnerre. On trouve également dans l'Auxerrois de très bons crûs, mais ils ont moins de bouquet.

A quelques kilomètres de Tonnerre, le vignoble d'Epineuil avait autrefois une réputation méritée, mais le phylloxera est venu le détruire en partie et il est difficile maintenant d'obtenir avec les plantations nouvelles les qualités d'autrefois.

Les vins blancs de l'Yonne sont assez nombreux. Quelques-uns méritent une mention particulière. Nous citerons le Vaumorillon, fourni par la commune de Junay à 3 kilomètres de Tonnerre, et le Chablis, récolté dans la commune de ce nom, dans l'arrondissement d'Auxerre.

III. Vins du Mâconnais et du Beaujolais. — Le Mâconnais comprend dans le département de Saône-et-Loire les arrondissements de Mâcon, Autun, Louhans et Charolles.

Les vins les plus estimés sont ceux des environs de Mâcon.

Le vignoble du Mâconnais a été malheureusement en grande partie détruit par le phylloxera. On s'occupe activement aujourd'hui de sa reconstitution et nous pouvons espérer voir ces contrées produire dans quelques années les vins si frais et si agréables qu'elles donnaient autrefois.

Les vins du Beaujolais (arrondissement de Villefranche dans le Rhône) ne manquent ni de légèreté, ni de finesse, ni de bon goût. Le territoire de Beaujeu et les localités voisines fournissent les meilleurs produits.

III. Vins de Champagne

La majeure partie des vins récoltés dans le département de la Marne est transformée en vins mousseux. Les meilleurs sont fournis par les arrondissements de Reims, Épernay et Châlons.

Les plus estimés sont ceux de la Montagne de Reims : Verzy, Mailly, Verzenay, Saint-Basle-Bouzy. Les vins de la Côte d'Avize où sont Cramant, Avize, Le Mesnil-Roger, Granves, ont une grande finesse. Dans la vallée de la Marne, les vins de Mareuil, Ay, Champillon, Dizy, Epernay, sont aussi très recherchés.

Une culture très soignée, la situation climatérique et la nature spéciale du sol sont les trois éléments principaux qui donnent aux crûs de la Champagne les qualités particulières qui les distinguent.

IV. — Vins de l'Est.

I. Franche-Comté.— Les vins rouges du Doubs de quelque valeur sont tous récoltés dans l'arrondissement de Besançon. Les plus estimés sont fournis par le territoire même de cette ville ; ils ont une coule assez belle.

Certains vins de la Haute-Saône ont de la délicatesse. Les produits des communes de Roy, Gy et Gray peuvent se conserver assez longtemps. Tous les autres vins du département sont assez inférieurs et sans agrément.

Dans le Jura les vins les plus estimés sont ceux de la commune des Arsures, Canton d'Arbois, dans l'arrondissement de Poligny. Ils ont du corps, de la finesse et un bouquet agréable.

L'arrondissement de Lons-le-Saulnier produit aussi quelques jolis crûs.

II. Lorraine. — Les vins rouges de la Meurthe et Moselle sont de petite couleur et d'un goût parfois âpre. Seul, l'arrondissement de Toul donne des vins rouges suffisamment délicats et d'assez bon goût ; il produit aussi quelques vins blancs assez agréables et se conservant assez bien.

La Meuse donne quelques bons vins ordinaires. Les vignobles de l'arrondissement de Bar-le-Duc fournissent des vins légers, délicats, qui, bien soignés, peuvent se conserver assez longtemps.

Le département des Vosges ne récolte que des vins rouges de médiocre qualité. Quelques localités de l'arrondissement de Mirecourt fournissent pourtant un vin assez agréable, mais qui ne jouit que d'une réputation locale.

III. Ile-de-France. — L'Aisne a ses meilleurs vins dans l'arrondissement de Laon. Ils sont assez spiritueux et d'un goût agréable.

Sur les côteaux situés près des bords de la Marne, on récolte dans l'arrondissement de Château-Thierry des vins assez délicats, mais faibles d'alcool.

Le département de l'Oise récolte des vins rouges de médiocre qualité ; les moins mauvais viennent dans lès environs de la ville de Clermont Cette région donne aussi quelques vins blancs d'un goût assez agréable dans les bonnes années.

Le département de la Seine ne possède que quelques vignobles épars dont les produits sont de qualité tout-à-fait inférieure et d'un goût acide que ne parviennent pas à faire disparaître les coupages les mieux combinés.

On ne récolte dans le département de la Seine-et-Marne que des vins très médiocres. L'arrondissement de Fontainebleau produit les meilleurs, quoique encore très-ordinaires.

Dans le département de Seine-et-Oise, les meilleurs vins viennent des environs de Mantes, de Septeuil, de Boissy-sans-Avoir. Le vignoble d'Argenteuil produit un vin que son goût de terroir très prononcé ne permet pas de consommer seul. On le coupe généralement avec des vins communs du Cher et du Midi. Dans l'arrondissement de Versailles on trouve quelques crûs possédant assez de bouquet dans les années favorables.

V. — Vins du Centre

Les vins du Centre sont employés tantôt dans les coupages, tantôt directement pour la consommation, selon la valeur des produits. La région a beaucoup souffert du phylloxera, mais on s'occupe un peu de la reconstitution des vignobles.

Dans l'Indre les vignes jeunes donnent des vins encore insuffisants ; néanmoins les arrondissements de Le Blanc et Châteauroux ont des vins rouges assez agréables.

Les vins du Cher ont parfois une belle couleur et peuvent rendre des services dans les coupages. Ils peuvent être corsés et d'un très bon goût comme ceux du Sancerrois, mais une grande partie ne peut être utilisée qu'à la chaudière.

Saint-Pourçain dans l'Allier, Pouilly dans la Nièvre font des vins qui ont du corps et du bouquet. Les autres parties de ces départements donnent des vins froids et plats peu employables.

Le Loiret a ses vignobles d'Orléans et de Beaugency qui produisent de petits vins frais et très vifs.

A part ses vins dits « gros-noirs » qu'on utilise dans les coupages, le Loiret-et-Cher ne donne que des vins rouges très ordinaires et faibles d'alcool.

L'Indre-et-Loire fait des vins rouges qui servent dans les coupages à cause de leur couleur foncée; mais à côté de ceux-là on récolte dans ces départements quelques bons petits crûs très estimés. Les meilleurs sont fournis par le territoire de Joué près de Tours. Ils ont une jolie couleur, sont assez spiritueux et possèdent un goût agréable et très franc. Le territoire de Chinon produit un vin analogue.

Le vignoble de Vouvray, sur la rive droite de la Loire, donne un vin blanc très apprécié qu'on pourrait presque coter comme vin fin.

Le département de Maine-et-Loire récolte des vins blancs et des vins rouges désignés sous le nom de *vins de l'Anjou*. Les meilleurs vins rouges sont récoltés dans les communes de Champigny, Chassé, Dampierre, Brézé, Saint-Cyr-en-Bourg. Ils sont corsés, d'une belle couleur et d'un goût très agréable. Les vins blancs ont une réputation plus grande que les vins rouges et peuvent être classés parmi les vins fins dans les bonnes années. Les plus estimés proviennent de l'arrondissement de Saumur. Ces vins blancs sont souvent rendus mousseux, et peuvent alors rivaliser avec les dernières qualités de la Champagne.

Pour compléter cette région du Centre, nous mentionnerons en passant les départements de la Corrèze, de la Loire, de la Haute-Loire, du Cantal et du Puy-de-Dôme, où l'on récolte *principalement* des vins faibles qui sont consommés sur place. Il convient cependant de citer les *Vins d'Auvergne*, fournis presque exclusivement par les départements du Puy-de-Dôme et du Cantal, et qui sont très souvent employés dans les coupages.

VI.— Vins du Midi

Pendant de longues années, à la suite de la disparition des plantations anciennes, détruites par le phylloxera, la Région du Midi n'a pu donner les récoltes d'autrefois. Aujourd'hui, grâce aux sacrifices que se sont imposés les viticulteurs, grâce à la reconstitution complète du vignoble sur porte greffes américains et *aux soins* particuliers donnés à la vinification, la région du Midi a repris son ancienne place, fortement aidée dans ce résultat par son climat exceptionnellement favorable à la culture de la vigne.

Les crûs si estimés de Saint-Georges, Langlade, et de Frontignan en vins blancs *doux* muscat, ont recouvré leur ancienne faveur, tant comme qualité que comme abondance de production.

Les anciennes variétés de cépages européens qui ont de tous temps fait la réputation du Midi, greffées sur plants américains, donnent aujourd'hui des vins qui se recommandent comme autrefois à l'attention des consommateurs.

Dès l'apparition du phylloxera *on* planta beaucoup dans les sables où le phylloxera ne pouvait se développer. Les vins produits étaient moins bons, mais ces plantations *eurent* l'avantage de conserver les nombreuses variétés de cépages régionaux qu'il a été facile de retrouver ensuite pour les greffer sur plants américains, lors de la reconstitution des vignobles anciens, détruits par le phylloxera. C'est ainsi que dans le Gard, dans l'Hérault, dans l'Aude, les *Aramons*, les *Bouschet*, les *Piquepoul*, les *Grenache*, greffés sur les Américains *Riparia* ou *Solonis*, donnent aujourd'hui d'excellents produits.

A côté des *Languedoc fins*, récoltés dans le Gard (côte de Tavel, Ledenon, Lirac, Saint-Laurent des Arbres), vins qui rappellent ceux de la Côte d'Or, mais plus spiritueux, on peut citer les bons vins de table ordinaires et supérieurs des environs de Langlade, Saint-Gilles, Beaucaire, Calvisson, Aigues-Vives et le reste de l'arrondissement de Nimes.

A part ses excellents vins blancs muscat de Frontignan et de Lunel, l'Hérault produit d'excellents vins rouges, les uns colorés, spiritueux et fins, tels que ceux de Saint-Georges, Saint-Drézéry, Saint-Christol, Castries, employés pour la consommation directe, les autres plus spécialement propres aux coupages (Sauvian, Despagnac). On y trouve aussi des vins de montagne à Bouzigues, Lunel, Villeveyrac etc..; et des vins de moindre valeur ou vins de plaine à Mèze, Pézénas, Agde, Béziers... etc.

Le département de l'Aude donne des vins rouges d'une belle coloration, très fins et d'une bonne richesse en alcool, surtout dans les cantons de Sigean et Ginestas. Les arrondissements de Limoux et de Carcassonne produisent aussi de bons vins dont quelques-uns valent à peu près ceux des cantons que nous venons de citer.

Le département des Pyrénées-Orientales tend à reprendre de plus en plus sa place à part (Roussillon) grâce à la reconstitution du vignoble. A part ses vins rouges corsés et d'une belle coloration, dont on se sert pour les coupages, ce département donne aujourd'hui comme par le passé les beaux et bons vins blancs *maccabéo* de Salces et les incomparables *Banyuls rancios* de l'arrondissement de Céret. On récolte enfin dans les environs de Perpignan, sous le nom de *vins de plaine*, des vins rouges assez recherchés et d'autres un peu légers qui s'expédient beaucoup à la consommation.

VII. — Vins du Sud-Ouest.

La région du Sud-Ouest a été, comme la précédente, fort éprouvée par le phylloxera, et la reconstitution des vignobles y est en général moins avancée ; on y trouve cependant des vins de bonne valeur.

L'Ariège avec les Hautes et Basses-Pyrénées, la Haute-Garonne, l'Aveyron, produisent peu aujourd'hui et leurs vins sont de qualité médiocre ; on ne cite plus que pour mémoire les *Maliran* et les *Jurançon*, mais les vignobles de Fronton et de Villaudric ont conservé de la réputation ; leurs vins sont assez corsés, fins et de goût franc.

Dans le Tarn on peut citer les vins rouges et blancs de l'arrondissement de Gaillac.

Le Tarn-et-Garonne offre sur le territoire de Lavilledieu et de Moissac des vins de jolie couleur et d'assez bon goût.

Le département du Lot produit beaucoup moins qu'autrefois et ses vins (Cahors, Prayssac, Souillac), n'ont plus la belle et forte coloration qui les faisait estimer.

Quant au département du Lot-et-Garonne, on ne peut citer que les vins de Layrac comme bons ordinaires.

Le Gers et les Landes ne donnent plus guère que des produits bons pour la chaudière et servant à fabriquer les eaux-de-vie d'Armagnac. Quelques vins rouges du Gers ont cependant un bon bouquet.

Le département de la Dordogne, ayant beaucoup souffert du phylloxera, ne donne, ou à peu près, que des vins bourrus (Macadam) et quelques assez bons produits de vignes américaines greffées.

VIII. — Vins de l'Ouest

Toute cette région fournit surtout des vins blancs excellents pour la distillerie. Qui ne connaît les Cognac et les Charente ?

Ces vins blancs se rencontrent surtout dans la Charente et la Charente-Inférieure ; ils proviennent en grande partie de cépages américains greffés. Certains ont un bouquet tout particulier.

La Vienne et les Deux-Sèvres donnent des vins blancs assez maigres qui ne valent pas pour l'alambic ceux des Charentes ; nous en dirons autant de ceux de la Vendée, mais ce département fournit des vins gris assez estimés.

La Loire-Inférieure, le Morbihan et l'Ille-et-Vilaine produisent très peu de vin dont une partie est distillée et l'autre consommée sur place.

CHAPITRE II

Les CÉPAGES EUROPÉENS cultivés en France (1). — Considérations générales sur le sol et le climat qui leur conviennent.

Toutes les variétés de cépages européens cultivés en France sont issues d'une espèce unique : *le vitis vinifera*.

Nous allons suivre, en ce qui concerne ces cépages, la classification déja adoptée pour les vins, et nous considérerons successivement les régions suivantes :

1° Région du Bordelais.

ANGELICO. — Cépage à raisin blanc. Très répandu dans les vignobles de Sauterne, Barsac et lieux voisins. Son parfum a quelques rapports avec celui du *Sauvignon* que nous trouverons plus loin dans le même vignoble.

BLANC AUBA. — Grain rond, blanc, marqué d'un petit point noir au sommet. Ce cépage produit le vin très recherché de Ste-Croix du Mont.

(1) Nous sommes heureux de désigner ici et de recommander tout particulièrement aux viticulteurs les ouvrages qui nous ont aidés à décrire les cépages cités dans ce chapitre. Ce sont :
Le Traité de la Vigne et de ses produits par Portes et Ruyssen 3 vol. Librairie Octave Doin, Paris.
Les nouvelles méthodes de culture de la vigne et de vinification par Bedel. 1 vol. Librairie Garnier frères, Paris.

BLANC DOUX. — Grain blanc, cépage des plus estimés dans les vignobles de Sauterne et Barsac; associé avec l'*Angélico*, le *Sauvignon* et le *Sémillon blanc*, il donne les excellents vins blancs de cette région.

CABERNET FRANC. — C'est le cépage le plus répandu dans le Bordelais. Il est très hâtif et serait souvent atteint par les gelées du printemps s'il n'était dans une exposition très favorable sur les coteaux du Médoc. Grain moyen, rond, d'une couleur noire violacée. Il donne un vin rouge très délicat, ayant de la sève et du bouquet et se conservant longtemps.

CABERNET SAUVIGNON. — De même que le précédent, ce cépage se distingue par la supériorité des vins qu'il produit. Les terrains argilo-siliceux lui conviennent particulièrement. Il entre pour une grande part dans la confection des crûs les plus justement renommés du Bordelais, tels que *Château Laffitte*, *Château Latour*, *Mouton*, *Léoville*, etc.

CALITOR NOIR. — Produit un vin abondant, mais d'un goût acerbe. Cépage autrefois très répandu dans le Midi, mais presque abandonné aujourd'hui.

CARMENÈRE. — Cépage à peu près semblable au *Carmenet* dont il ne se distingue que par la dureté de son bois qui l'a fait nommer aussi *vigne dure*.

CHALOSSE BLANCHE. — Par suite de son débourrement tardif, ce cépage craint peu les gelées printanières. Son produit est abondant, mais de qualité médiocre.

FOLLE NOIRE. — Produit des vins communs destinés le plus souvent aux coupages. Le raisin est d'un goût peu agréable, d'où le nom de *Dégoûtant* qu'on lui donne dans certaines régions.

GROS MANSENC. — Ce cépage est désigné sous le nom de *Mancin* dans le Bordelais, où il est peu répandu. Il est surtout cultivé en grand dans les Hautes-Pyrénées.

HOURCA. — Cépage donnant des grappes très belles et un vin d'excellente qualité, bien coloré et pouvant se conserver longtemps.

MALBECK. — Fait le fond des vignes dites des *Côtes* dans le Bordelais. Très répandu dans les autres vignobles rouges de la Gironde, et notamment dans la région des *Graves*. Donne un vin riche en couleur, possédant beaucoup de corps et un très bon goût. Ce cépage abonde dans tout le vignoble français, et prédomine surtout dans ceux du Sud-Ouest et du Centre-Ouest.

MERLOT. — Cépage spécialement limité au Bordelais, donnant un bon vin léger. Le grain, d'une maturité assez précoce, est sujet à la pourriture.

MERILLE. — D'une grosse productivité, mais donnant une qualité de vin assez ordinaire. La grappe est très belle, bien fournie de grains ronds, noirs et serrés. Certains auteurs disent que les grains de la *Mérille* sont ellipsoïdes ; nous leur laissons la responsabilité de cette appréciation, due sans doute, à une confusion de variétés.

PINOT NOIR. — Cépage très répandu dans le vignoble français. Peut être considéré comme le type des nombreuses variétés du même nom. On le désigne dans la Gironde sous le synonyme de *Massoutet*. Maturité très hâtive. Donnant le meillleur vin dans les sols calcaires et sur les côteaux. Cultivé en plaine, le *Pinot noir* est sujet à la coulure et craint la gelée. Nous retrouverons les différentes variétés de *Pinot* dans la Bourgogne, la Champagne et le centre de la France, où elles sont très répandues.

SAUVIGNON. — Nous avons eu déjà occasion de parler plus haut de ce cépage ; c'est lui qui donne les fameux vins blancs de *Sauterne* et de *Chateau-Yquem*.

SÉMILLON BLANC. — Cépage très recherché et très répandu dans le Bordelais. Mélangé avec le précédent, il entre pour deux tiers dans la confection des *Sauternes* et *Chateau-Yquem*.

TARNEY COULANT. — Donne un vin rougé peu abondant, mais de très bonne qualité. Particulier à la région du Bordelais.

UGNI BLANC. — Très commun dans la Provence ; est, sous le synonyme : *Muscadet aigre*, peu cultivé dans le Bordelais. Cépage très fertile, résistant à l'*oïdium*, mais craignant la gelée. Grain d'un blanc transparent ; maturité hative. Il donne un vin blanc dont on se sert le plus souvent pour couper les vins rouges.

VERDOT. — Ce cépage, appelé aussi *Plant-des Palus* se plaît dans les plaines et les palus du Bordelais. On distingue le *Petit Verdot* et le *Grand Verdot* ; cet deux variétés donnent un vin rouge assez agréable.

2° Région de la Bourgogne

ALIGOTÉ. — Cépage d'une belle végétation, mais très sujet aux gelées. Peut donner de très belles récoltes. Est cultivé notamment dans la Côte-d'Or, l'Aube et l'Yonne.

GAMAY-BLANC. — Très productif, mais donnant un vin de

qualité médiocre ; on le rencontre dans toute la Bourgogne, le Mâconnais et le Beaujolais.

PINEAU BLANC CHARDONNAY. — Ce cépage, qu'il ne faut pas confondre avec le *Pinot blanc*, donne des vins de choix quand il est cultivé dans des climats qui lui sont favorables. Les grains sont vert-clair à reflet doré.

PINOT GRIS. — Très répandu, non seulement dans la Bourgogne, mais encore en Champagne où il donne les vins de *Sillery* et de *Verseuay*, et en Alsace, où il fournit le fameux vin de *Paille*

ENFARINÉ. — Cépage très abondant, mais donnant de mauvais vin. Son nom lui vient de la poudre blanche qui couvre ses grains. On le multiplie à tort dans certaines régions de la Bourgogne, et surtout dans les environs de Poligny.

GAMAY d'ORLÉANS. — Cépage d'une grande fertilité, mais qu'on ne cultive plus guère en Bourgogne à cause de la mauvaise qualité du vin qu'il donne. Grain noir foncé ; maturité précoce.

PETIT GAMAY NOIR. — C'est le cépage qui donne les bons vins de table connus sous le nom de *Beaujolais*. Très répandu dans toute la Bourgogne. Tous les vignobles au nord de Lyon sont presque uniquement composés de cette variété.

TEINTURIER MALE. — Peu vigoureux et peu fertile. Grappe rouge bien fournie, grain rond et noir. On utilise son vin comme colorant. Cultivé dans toute la Bourgogne.

CÉSAR ou ROMAIN. — Cépage particulier au département de l'Yonne où il compose les vignobles renommés de *Bailly*, *Coulanges*, *Sussy* et *Yrancy*. Donne un vin excellent et de très bonne conservation.

TRESSOT à BON VIN. — Cépage à grains d'un bleu noir foncé, donne d'assez bons vins, entre autres, parmi les plus renommés, ceux de *Coulanges*.

TRESSOT BLANC. — Cultivé dans l'Yonne, mais en petites proportions, donne le plus souvent un vin acide.

ARBONNE. — Produit un vin blanc distingué, cépage précoce, mais peu abondant : demande un sol riche et argilo calcaire. Cultivé dans l'Aube et la Haute-Marne.

MAUZAC BLANC. — Robuste, prospérant dans tous les sols, mais maturité tardive. Cultivé seulement dans l'Aube, où il est même peu répandu.

CÉPIN BLANC. — Très estimé dans les vignobles de Saône-

-et-Loire ; produisant abondamment du très bon vin. Maturité tardive.

ALTESSE VERTE. — Cépage vigoureux, raisin d'excellente qualité donnant de très bon vin. On le cultive surtout dans le Rhône où il compose presque exclusivement le vignoble de *Condrieu*, très renommé.

CORBEAU. — Cultivé dans le Rhône et dans la région de l'Est, vigoureux, fertile ; donne un vin généralement employé pour les coupages.

GUEUCHE NOIR. — Cépage très fertile fournissant un vin mauvais. Grain rouge noirâtre. Se rencontre peu dans le Rhône; il est surtout cultivé dans l'Ain et le Jura.

LYONNAISE de JONCHAY. — C'est une variété de *Gamay* qui mûrit bien plus tôt que ses similaires ; donne un vin de très bonne qualité. Sa culture est limitée aux vignobles du canton d'*Anse* près Villefranche (Rhône).

MORNEN NOIR. — Cépage cultivé à Mornant dans le Rhône. Prospère même dans les sols rocailleux. Donne un vin coloré et assez alcoolique.

ROUSSE. — Fertile et vigoureux, donnant de bons vins blancs ordinaires. Cultivé surtout dans le Lyonnais.

GIROUDOT NOIR.— Cépage cultivé sur la côte Chalonnaise produisant un vin assez fin, mais généralement faible. Craint les gelées du printemps.

On rencontre encore dans la Bourgogne : le *Sauvignon*, le *Pinot noir* et le *Malbeck* que nous avons déjà vus dans la région du Bordelais.

3° Région de la Champagne.

PINOT MEUNIER. — D'après un auteur champenois, ce cépage concourt à la qualité des meilleurs vins de Champagne. Très répandu dans la Marne et dans les départements du Nord de la France.

On cultive aussi dans la Champagne : Le *Pineau blanc chardonnay* qui donne les beaux vins de cette région ; le *Mausac blanc* et le *Pinot Gris* déjà vus dans la Bourgogne ; et le *Pinot noir* décrit dans la région du Bordelais.

4° Région de l'Est

BACLAN (Petit et gros). — Le petit est préférable à cause de sa belle couleur rouge et du goût de framboise qu'il contracte en vieillissant.

BARGINE ou PLANT de HONGRIE. — Recommandable par son bouquet. Cépage vigoureux, grains blancs, mûrit de bonne heure.

BLANC BRUN. — Donne les remarquables vins de *Château-Chinon*, d'*Arbois*, etc.

CINQUIEN. — Cépage donnant un raisin jaune assez estimé dans le Jura.

MONDEUSE. — C'est surtout dans le département de l'Ain que ce cépage donne ses meilleurs produits. On le cultive un peu dans le Jura. Il est très répandu dans la Savoie où il compose les vignobles les plus estimés. Il donne un vin solide, riche en couleur, un peu âpre, mais perdant ce goût à la longue. Plant vigoureux et très productif, grain noir violet.

MONDEUSE BLANCHE. — C'est une variété blanche de la précédente que l'on cultive dans les mêmes régions.

POULSARD. — Cépage le plus répandu du Jura. Se rencontre aussi en abondance dans le Doubs, la Haute-Saône et l'Ain. Donne un vin rouge excellent ainsi que des vins d'imitation Champagne. Grain rouge brun foncé. Très productif. On trouve plusieurs variétés de *Poulsard* qui ne diffèrent que par la couleur des grains.

SAVAGNIN BLANC. — Exige un bon terrain et des soins particuliers ; donne alors un excellent vin. On le trouve dans le Jura, le Doubs, la Haute Saône, la Meurthe-et-Moselle.

BURGER BLANC. — S'accommode de tous les terrains et de toutes les tailles. Produit beaucoup, mais un vin peu alcoolique et sans bouquet, sujet à la graisse. Maturité tardive. Spécial à la Meurthe-et-Moselle.

MAUZAC NOIR.— Variété du *Mauzac blanc*. (Voir région de la Bourgogne).Cultivé, mais peu répandu dans les Ardennes.

GREC ROUGE ou BARBAROUX. — Particulier aux vignobles du Midi et surtout de la Haute-Loire ; se rencontre aux environs de Paris sous le synonyme de *Gros Gomier du Cantal*. Raisin de grosseur extraordinaire ; plant très productif.

TROUSSEAU. — Spécial au Jura (cantons de Salins et d'Arbois) grain noir violet, vin corsé bien coloré, de bonne garde. Maturité assez hâtive, craint le froid.

Le *Pinot noir* (Voir Région du Bordelais), le *Pinot meunier* (Voir Région de la Champagne), et le *Tressot à bon vin* (Voir Région de la Bourgogne), sont cultivés dans tous les vignobles de l'Est.

Le *Pineau blanc chardonnay* et le *Pinot gris*, que nous avons déjà vus dans la Région de la Bourgogne, sont aussi cultivés dans tout le Nord-Est.

Dans le Jura, la Haute-Saône, la Haute-Marne, et l'Aube, on trouve l'*Enfariné* (Voir Région de la Bourgogne). Les deux derniers départements ci-dessus possèdent aussi l'*Arbonne* (même région).

Le *Malbeck*, que nous avons rencontré dans la Région du Bordelais, est assez répandu dans les départements de Meuse, Ardennes et Meurthe-et-Moselle.

On trouve enfin dans les Vosges, l'Ain et le Doubs deux cépages que nous avons rencontrés dans la Région de la Bourgogne : le *Corbeau* et le *Gueuche noir*.

5° — Région du Centre

GROS LOT. — Cépage peu estimé et dont la culture est presque abandonnée, sauf en ce qui concerne la variété dite *Gros Lot de Valère*. Grain noir rouge. Maturité de deuxième époque.

NEYRAN. — Donne un beau et bon vin rouge, mais peu fertile. Cultivé surtout dans l'Allier.

PETIT DANESY. — Cépage dont la culture est limitée à l'Allier où il est très estimé et forme les meilleurs vignobles. Donne un vin blanc légèrement muscat.

TRESSAILLIER. — Se distingue par sa vigueur, son abondance et sa fertilité. Grain jaune, maturité moyenne. Répandu dans l'Allier.

PETIT ÉPICIER. — Cépage du Poitou très productif en bon vin et de maturité facile.

ARGANT. — D'une puissance végétative extraordinaire, ce plant est très robuste ; le climat de la Haute-Loire et ses terrains en pente lui conviennent particulièrement. Vin un peu rustique, a beaucoup de couleur, se conserve bien. Maturité moyenne.

BICANE ou BICAINE. — Se rencontre dans l'Indre-et-Loire, mais se plaît mieux dans les régions du Midi et surtout de la Provence. Beau grain jaune. Très sujet à la coulure.

CHENIN BLANC. — Les produits de ce cépage ont contribué pour beaucoup à la réputation des vins d'Anjou. Il est de maturité très tardive ; son fruit est abondant et d'excellente qualité, sauf lorsque la grappe devient trop grosse. Aime un sol à fond argileux.

ŒILLADE BLANCHE. — La Touraine possède un certain nombre de ces plants qui se plaisent mieux dans l'Hérault et le Gard. Ses raisins excellents donnent un très bon vin (*Picardan*), mais sont très sujets à la coulure. La souche gèle facilement.

TEINTURIER FEMELLE. — Spécial à l'Indre-et-Loire dans la Région du Centre. Diffère du *Teinturier mâle* par son suc mieux coloré et son feuillage moins rouge.

On rencontre généralement dans toute la Région du Centre : Le *Malbeck*, le *Pinot noir* et le *Sauvignon* que nous avons déjà vus dans la Région du Bordelais ; le *Teinturier mâle* et le *Tressot à bon vin* (Région de la Bourgogne); enfin le *Pinot meunier* décrit dans le Chapître de la Champagne.

Nous avons rencontré dans la Région de la Bourgogne : le *Cépin blanc*, le *Gamay blanc*, le *petit Gamay noir* et le *Pinot gris*, dont la culture est limitée à l'Allier pour la région du Centre ; le *Pinot gris* cependant se trouve aussi dans la Loire et l'Indre-et-Loire. Ce dernier département cultive en outre *l'Enfariné* et le *Gamay d'Orléans* (Voir région de la Bourgogne), ainsi que le *Cabernet Franc* (Voir région du Bordelais) dont on trouve aussi quelques cépages dans la Nièvre.

On rencontre le *Pineau blanc chardonnay* dans le Loiret et le Loir-et-Cher, l'*Altesse verte* et le *Mornen noir* dans la Loire (Voir pour ces plants la Région de la Bourgogne).

Le *Grec rouge* (Voir Région de l'Est) est cultivé dans le Cantal et la Corrèze. Ce dernier département possède aussi la *Mérille*, cépage assez répandu dans le Bordelais.

6° Région du Sud-Est.

GRENACHE. — Originaire d'Espagne ; cultivé dans presque tout le Midi, spécialement dans la Savoie, le Vaucluse, le Var et les Bouches-du-Rhône. Il produit à la fois des vins rouges et des vins blancs. Les premiers sont corsés, moëlleux ; les seconds excellents sous tous les rapports, mais le raisin doit être cueilli très mûr. Les bonnes terres calcaires et caillouteuses lui conviennent particulièrement. Ses grains, bien colorés sans être très noirs, sont très juteux et sucrés.

BOUDALÈS. — Cépage à maturité très précoce ; les côteaux pierreux à chaude exposition sont ses parages favoris. Il aime les régions chaudes. Vin rouge très fin. Il occupe dans la Région du Sud-Est les départements de la Drôme, de Vaucluse et des Basses-Alpes, ainsi que ceux de la côte méditerranéenne, de la frontière d'Italie aux Bouches-du-Rhône.

BRUN-FOURCA. — Cultivé dans toute la Provence et le Midi ; formait autrefois dans ces régions le quart des vignobles. Il aime les terrains francs et profonds ; ne craint pas les gelées, mais coule facilement. Maturité hâtive.

PELOURSIN. — Connu dans toute l'Isère, la Drôme et l'Ardèche ainsi que dans le Jura, ce cépage n'est sérieusement cultivé que près de Grenoble. Vigoureux, résiste aux gelées ; le grain, d'un beau noir et de maturité moyenne, pourrit facilement.

ROUSSANE. — Dans l'Ain, l'Isère, la Drôme, l'Ardèche et la Savoie, on cultive ce cépage qui entre pour une bonne partie dans le clos de l'*Ermitage*. Est vigoureux, fertile et produit par son grain jaune doré un excellent vin blanc sec ou liquoreux.

QUILLARD. — Quoique appartenant plutôt à la région du Sud-Ouest, se rencontre en Savoie et aux environs de Nice. Productif, maturité moyenne ; grain sujet à la pourriture ; donne un des meilleurs vins blancs du Midi.

JACQUÈRE. — Particulier à la Savoie et à l'Isère, très productif ; donne un bon vin blanc léger ; grain vert jaunâtre doré ; maturité un peu tardive ; affectionne les terrains argileux à base calcaire. Cultivé en plaine, son vin est sujet à la *graisse*.

ESPAR ou MOURVÈDRE. — Très répandu dans le Midi, mais cultivé de préférence en Provence ; la grappe, placée très bas sur le sarment, porte un grain désagréable à manger, mais donne un vin foncé, de bonne garde qui, un peu dur d'abord, s'améliore en vieillissant et supporte très bien le transport par mer.

PASCAL BLANC. — Spécial à la Provence ; vigoureux, fertile, mais craint l'oïdium et la pourriture ; maturité moyenne.

PASCAL NOIR. — A tous les caractères du précédent, sauf la couleur du raisin et l'époque de la maturité qui est un peu plus tardive.

TÉOULIER. — Assez peu fertile ; cultivé pour la qualité de son vin. A cause de sa sensibilité aux gelées, on ne le trouve guère que sur les côteaux bien exposés de la Provence.

GROS GUILLAUME. — C'est le plant le plus résistant au Phylloxéra. Grain d'un beau noir bleuté, maturité un peu tardive.

COLOMBAUD. — Cépage vigoureux, d'une grande longévité, s'accommodant de tout terrain et résistant passablement au phylloxéra. Raisin blanc, produisant un vin sec assez agréable. Cultivé dans les Alpes-Maritimes, le Var et les Bouches-du-Rhône.

DOUCEAGNE. — Cépage cultivé dans toute la Provence. Ressemble beaucoup au *Pineau blanc Chardonnay* que nous avons déjà vu.

MARSANNE. — Ne se trouve que dans la Savoie et l'Isère et dans les vignobles de l'Ermitage où il entre pour une grande partie. C'est un cépage vigoureux et fertile à grains jaune doré.

HIBOU BLANC. — Culture limitée à la Savoie, peu répandu à cause de la tendance du grain à la pourriture. Grain de couleur jaune donnant un assez bon vin ordinaire.

HIBOU NOIR. — Très cultivé en Savoie, se rencontre aussi quelque peu dans l'Isère ; donne un vin rouge assez coloré et qui ne manque pas de bouquet.

JOUVIN. — Cépage blanc à maturité hâtive, raisin très joli, excellent pour la table et pour la cuve. Ces qualités devraient lui valoir une plus grande réputation ; sa culture est localisée dans le vignoble de Seyssel (Haute-Savoie).

MOLETTE. — Spécial au vignoble ci-dessus ; produit en abondance un vin de qualité assez inférieure qu'on relève par le mélange avec le vin provenant de la Mondeuse.

ROUSSETTE BASSE de SEYSSEL. — Même vignoble ; cépage assez fertile, donnant un vin blanc doux qui se conserve assez bien, assez estimé dans le pays.

BIA BLANC. — Particulier à l'Isère ; se plait dans les sols riches et profonds, raisin très doux, très bon pour la cuve.

CORBEL. — Cépage très vigoureux et très fertile. Très répandu dans la Drôme ; se rencontre aussi dans l'Ardèche et l'Isère et le vignoble de l'Ermitage. Vin âpre, se conservant très bien et perdant par la vieillesse une partie de ses mauvaises qualités.

CORNET. — Répandu dans la Drôme et l'Isère ; bon raisin de table. Son vin, peu corsé, se conserve difficilement.

CORNICHON BLANC. — Cépage fournissant de très bons raisins de table, mais ne réussissant que dans la Provence, car il a besoin de beaucoup de chaleur.

MÈCLE de BOURGOIN.— Spécial au canton de Bourgoin dans l'Isère, où il est très cultivé. Donne un vin très joli qui se consomme sur place.

AGUZELLE. — Cépage qu'on ne trouve que dans l'Isère. Vigoureux et fertile. Vin un peu dur, assez corsé, se conservant facilement.

VERDESSE. — Particulier aux environs de Grenoble, ses grains sont d'un blanc verdâtre qui a valu son nom à ce plant. Produit un vin assez fin et assez corsé.

PAUGAYEN. — Culture limitée à la Drôme, grain d'un beau noir fournissant un vin assez commun, mais très sain.

ROBIN NOIR. — Très résistant à l'oidium et l'anthracnose, donne un bon vin en assez grande quantité. Spécial à la Drôme.

SIRAMUSE. — Egalement particulière à la Drôme où elle est très recherchée pour faire des vins de coupage ; raisin de couleur très foncée.

RAISAINE. — Cépage de grande vigueur, de grande fertilité et très précoce. Sa culture est limitée à l'Ardèche. Il fournit un raisin d'un blanc jaunâtre qui, mêlé à des raisins d'autres cépages, donne un très bon vin ordinaire.

RIVIER. — Raisin à grains noirs spécial aux vignobles des environs de Privas ; on s'en sert en le mélangeant avec d'autres cépages, comme le précédent, dont il a la vigueur et la fertilité.

BOURBOULENC. — Cépage faisant partie du vignoble de Vaudieu dans Vaucluse ; grain de couleur ambrée ; sert à la confection du fameux vin de *Chateauneuf-le-Pape*.

CLAIRETTE BLANCHE. — Ce cépage, surtout cultivé dans la Région du Midi, se rencontre aussi dans le Var, l'Ardèche et les Alpes-Maritimes. Il est d'une très grande vigueur, mais malheureusement très sujet à l'anthracnose après 7 ou 8 ans de plantation. Le grain est d'un blanc transparent, d'une saveur très agréable. Maturité tardive.

GROS MOLLAR. — Particulier aux Hautes-Alpes, très fertile et donnant un vin léger très agréable.

TIBOUREN NOIR. — Cépage cultivé dans les environs de Toulon et sur le littoral des Bouches-du-Rhône. Donne un vin vif, assez coloré et très agréable.

FUELLA de NICE. — Forme la plus grande partie du vignoble niçois ; servant à la confection du vin de *Bellet* ; grain rouge assez gros, de saveur assez agréable.

SIRAH. — Cultivé dans la région comprise entre Lyon et Valence ; forme une grande partie du vignoble de l'Hermitage où il donne un très bon vin rouge.

On rencontre encore dans l'Isère : le *Corbeau* qui se trouve également dans la Savoie, et l'*Altesse verte* (ces deux plants ont été étudiés dans la Région de la Bourgogne) *la Mondeuse* appartenant à la Région de l'Est et cultivée aussi en Savoie — le *Sémillon blanc* très répandu dans le Bordelais, et le *Teinturier Femelle* appartenant à la Région du Centre.

Le *Pinot noir* et l'*Ugni Blanc* (Voir Région du Bordelais) se trouvent, le premier dans les Hautes-Alpes, le second dans toute la Provence, qui possède encore le *Chenin blanc* et l'*Œillade blanche* (Voir Région du Centre).

On trouve enfin, très répandu dans la Région du Sud-Est à l'exception de la Savoie, l'Isère et l'Ardèche, l'*Aramon*, que nous décrivons plus loin dans la Région du Midi.

7° — Région du Midi

CARIGNANE. — C'est un des cépages les plus répandus dans le Midi et dans toute la Région du Sud-Est. Il est cependant très sujet à l'oïdium, à l'anthracnose et à la coulure. Il est par contre peu sujet aux attaques des insectes et d'une très grande fertilité. Il donne un vin rouge d'une belle couleur assez corsé et de très bonne garde. Le raisin mûrit fin septembre.

ARAMON. — De même que le précédent, ce cépage est très répandu dans le Midi et dans la Région du Sud-Est, sauf dans la Savoie, l'Isère et l'Ardèche. Il est d'une très grande fertilité, mais craint beaucoup les gelées blanches, l'anthracnose et les insectes. Sa sensibilité aux gelées en fait un plan essentiellement méridional. Il donne un vin rouge excellent qu'un mélange avec le vin de *Carignane* relève avantageusement en couleur, alcool et tanin.

ASPIRAN NOIR et ASPIRAN GRIS. — Ces deux cépages qui ne diffèrent entre eux que par la couleur du grain sont très répandus dans le Gard, l'Hérault et l'Aude. Ils sont aussi très appréciés dans les régions voisines où cependant ils ne peuvent aussi bien réussir. L'*aspiran noir* donne un vin rouge clair, très délicat et très parfumé.

PETIT BOUSCHET. — Ce cépage a été obtenu de semis par M. Bouschet de Bernard qui lui a donné son nom. Sous le rapport œnologique, c'est la plus belle conquête que l'on ait faite depuis longtemps. Son grain d'un noir bleu donne des vins d'un très beau rouge. Sa maturité est plus précoce que celle de l'*aramon*, ce qui lui permet de remonter plus au Nord. Il résiste mieux que tout autre cépage aux attaques du *Péronospora*. D'après M. Bouschet, ce cépage serait le produit d'un croisement entre l'*Aramon* et le *Teinturier*.

ALICANTE BOUSCHET. — C'est un cépage très répandu dans la région du Midi. Il se plaît surtout sur les côteaux et dans les terrains chauds et caillouteux. Quoique produisant moins que l'*Aramon* ou le *Petit-Bouschet*, il est d'une bonne fertilité et donne un vin qui a tout à la fois de la couleur, du corps et de la finesse.

MORRASTEL. — Ce cépage est presque spécial à la Région du Midi où il est assez répandu. Il donne un excellent vin d'un noir foncé, ce qui le fait rechercher pour les coupages. Très fertile dans les bons terrains sur les côteaux. Grain très noir.

PICPOUILLE NOIRE et GRISE. — Cépages donnant un bon vin assez fin et spiritueux et s'accommodant facilement des terrains pauvres. Ils résistent à la gelée, mais coulent facilement.

TERRET NOIR. — Cépage excellent pour la cuve. Il tend néanmoins à être de plus en plus remplacé par l'*Aramon*. Craint la coulure. Vin d'un rouge violet.

TERRET BOURRET. — Cépage très répandu dans la région. Mêmes caractères que le précédent, quoique donnant un vin blanc moins estimé.

TERRET BLANC. — Diffère des deux précédents par la couleur du grain qui est d'un blanc très pâle. Donne un vin blanc meilleur que celui du *Terret-Bourret*.

GRENACHE BLANC. — Variété du *Grenache noir* que nous avons déjà vu dans la région du Sud-Est. Sauf la nuance du grain, il présente les mêmes caractères que ce dernier. Sa culture est localisée dans le département des Pyrénées-Orientales où il donne des vins très remarqués.

MALVOISIE des PYRÉNÉES. — Ce cépage donne également un des vins de liqueur les plus exquis que l'on connaisse. Il est cependant peu cultivé car il n'est pas fertile et est sujet à la pourriture. Son grain, blanc transparent, est doré du côté du soleil.

MUSCAT BLANC. — C'est le type de toutes les variétés de muscat qui se rencontrent dans le Midi de l'Europe. Dans l'Hérault, et surtout à Lunel et à Frontignan, il donne un vin de liqueur universellement estimé. Ce cépage se plaît dans les terrains rocailleux. Il craint les gelées de l'hiver, est sujet à l'oïdium et est très attaqué par les mouches à miel.

MACCABÉO. — Ce cépage est particulier à l'Hérault et aux Pyrénées-Orientales où il donne, surtout à Rivesaltes, un des meilleurs vins de liqueur connus.

Les quatre cépages : *Grenache noir*, *Boudalès*, *Brun-Fourca* et *Mourvèdre* décrits dans la Région du Sud-Est se rencontrent dans toute la région du Midi, ainsi que le *Calitor noir* (Voir région du Bordelais) et le *Grec rouge* (Voir région de l'Est). Le *Chenin blanc*, la *Bicane* et l'*Œillade blanche*, que nous avons déjà vus dans la Région du Centre, sont cultivés dans le Gard. Le dernier de ces 3 cépages se rencontre aussi dans l'Hérault. Le *Gros-Guillaume* (Voir région du Sud-Est) est cultivé dans les Pyrénées-Orientales, ainsi que l'*Ugni blanc* que nous avons vu dans le Bordelais et qu'on rencontre aussi dans le département de l'Aude.

8° Région du Sud-Ouest

GRENACHE BLANC. — Ce cépage, à peu près spécial au Roussillon a, sauf la couleur, les caractères du *Grenache Rouge* (Voir région du Sud-Est) et donne des vins très estimés.

CAMARAOU. — Raisin blanc, vin excellent, culture localisée aux Hautes et Basses-Pyrénées.

TANNAT. — Ce cépage qui donne un vin rouge très coloré n'est guère cultivé que dans les Hautes-Pyrénées où il jouit d'une grande réputation.

BOUILLENC. — On en cultive dans le Tarn 3 variétés : la rouge la blanche, la noire, toutes également estimées.

BOUILLENC ROSE. — Sa culture est limitée au Tarn-et-Garonne. Son principal mérite et le seul, ou à peu près, est l'abondance de ses produits.

GRIS de SALCES — On le trouve dans les Pyrénées-Orientales où son fruit aux grains d'un jaune tirant sur le rose est peu abondant, mais fournit un vin fin d'excellente qualité.

MAUZAC ROSE. — Cépage de côteaux très productif, donne un vin excellent, se plaît dans les régions baignées par le Tarn et la Garonne.

AGUDET NOIR. — Spécial au Tarn-et-Garonne, bien corsé.

CHAUCHÉ GRIS. — Ce plant, assez productif, a pour principal centre de culture le Poitou, mais on le trouve aussi dans le Tarn-et-Garonne. Maturité hâtive.

LOUBAL BLANC. — C'est également dans le Tarn-et-Garonne que se rencontre ce cépage, très productif et donnant un excellent vin. Culture en espalier.

LOUBAL NOIR. — Moins estimé que le précédent et de maturité plus tardive.

BRUNEAU. — Sorte de teinturier assez estimé, cultivé dans le Lot.

BLANC COPI. — Plant du Lot-et-Garonne peu estimé pour la cuve.

BLANC CARDON. — Habitant aussi le Lot-et-Garonne, très productif; son grain jaune, qui craint malheureusement la pourriture, donne un bon vin ordinaire.

TOUSSAN. — Même pays de culture, vin rouge, maturité tardive.

PIENC. — Ce cépage particulier au Gers produit un raisin noir avec lequel on fait des vins de coupage. Maturité tardive, sujet à l'oïdium.

Les 2 cépages les plus répandus dans la région du Sud-Ouest sont le *Muscat blanc* (Voir Région du Midi) et la *Clairette blanche* (Voir Région du Sud-Est), celle-ci pourtant ne se rencontre guère ni dans l'Ariège ni dans les Pyrénées.

Cette région des Hautes et Basses-Pyrénées cultive : le *Boudalès* (Voir Région du Sud-Est) le *Gros Mansenc* (Voir Région du Bordelais) et le *Malvoisie* (Voir Région du Midi).

Le *Semillon blanc*, la *Merille* et la *Chalosse blanche*, décrits dans la région du Bordelais, ainsi que le *Mourvèdre* (Voir Région du Sud-Est) et le *Mauzac noir* (Voir Région de l'Est), se rencontrent dans les départements de la Dordogne, du Lot et quelque peu dans le Lot-et-Garonne.

Dans le Tarn-et-Garonne et dans quelques cantons de l'Ariège on trouve : le *Mauzac blanc*, que nous avons étudié dans la région de la Bourgogne, le *Cabernet franc* (Voir Région du Bordelais) et un cépage de la Région de l'Est, le *Grec rouge*.

Le *Grenache* et le *Quillard*, déjà vus dans la Région du Sud-Est, habitent dans celle-ci : l'Ariège, les Basses-Pyrénées, la Haute-Garonne, le Gers, le Tarn, le Lot-et-Garonne et la Dordogne.

L'*Angelico* (Voir Région du Bordelais) se rencontre dans le Tarn, le Lot, le Lot-et-Garonne, la Dordogne, le Tarn-et-Garonne.

Enfin, dans le Tarn, l'Aveyron, le Tarn-et-Garonne, le Lot, on cultive le *Terret noir* dont nous avons eu l'occasion de parler en étudiant la région du Midi.

9° Région de l'Ouest

FOLLE BLANCHE. — Très cultivé dans les Charentes, se rencontre aussi dans l'Indre-et-Loire. Grain blanc ou jaune, maturité moyenne, craint les gelées du printemps. Donne un vin assez agréable, mais est estimé surtout parce que c'est de son produit que l'on tire les meilleurs cognacs et en particulier la "Fine Champagne ".

BALUSTRE. — Mêmes parages que le précédent, fournit aussi d'excellents cognacs. Grain blanc très oblong.

FOLLE VERTE d'OLÉRON. — Possède à peu près les mêmes caractères que la *Folle Blanche*, habite la Charente-Inférieure et surtout le Morbihan.

CHAUCHÉ NOIR. — Ce cépage, peu productif, se rencontre dans le Poitou.

CHENIN NOIR. — Donne dans le Poitou et l'Anjou des vins très estimés, mais son raisin mûrit très tard.

LUCANE. — Ce cépage est très fertile et donne un bon vin. On le cultive dans les Deux-Sèvres.

MUSCADET. — Particulier à la Loire-Inférieure. Son raisin qui est blanc mûrit de bonne heure et donne un excellent vin.

BRETONNEAU. — Cultivé dans la Haute-Vienne. Fruit peu abondant, petit et de peu de valeur. Grain noir.

Les cépages suivants : *Chalosse blanche*, *Folle noire*, *Malbeck*, *Mérille*, *Sauvignon*, décrits dans le chapitre : Région du Bordelais, et le *Mourvèdre* (Voir Région du Sud-Est) sont cultivés dans les Deux Charentes. Le dernier habite aussi la Vienne, et la *Mérille* se rencontre assez communément dans la Loire-Inférieure.

Dans la Vienne, on trouve : le *Cabernet franc* (Voir Région du Bordelais), le *Chauché gris* (Voir Région du Sud-Ouest), le *Petit Epicier* (Voir Région du Centre). Le premier de ces cépages se trouve également dans les Deux-Sèvres, où l'on cultive aussi le *Chenin blanc* (Voir Région du Centre).

Nous avons vu en étudiant la Région de la Bourgogne le *Pineau blanc* que nous retrouvons ici en Vendée.

Enfin la Haute-Vienne possède le *Poulsard*, décrit parmi les cépages de la Région de l'Est.

CHAPITRE III

La Vigne Américaine

Ses origines. — Principales variétés. — Leur résistance et leur adaptation

Pour traiter ce chapitre de la Vigne Américaine, nous ne saurions mieux faire que de nous inspirer de la belle classification donnée par Monsieur Gustave Foex, directeur de l'Ecole nationale d'Agriculture de Montpellier, dans son *Manuel pratique de viticulture* (1). Nous ne saurions choisir un meilleur maître.

En Europe les cépages proviennent d'un type unique, le *Vitis Vinifera.* Au contraire, les variétés américaines proviennent d'espèces botaniques diverses, aux caractères bien tranchés, aux propriétés distinctes. Nous n'étudierons ici que les cépages offrant quelque valeur pratique.

I° Vitis Æstivalis

Cette espèce appartient à la région du Centre et de l'Ouest des États-Unis. Elle croît généralement dans les terres caillouteuses rouges et riches en silice et dans les terrains secs.

(1) *Manuel pratique de Viticulture*, par M. Gustave Foex. — *Cours complet de Viticulture,* même auteur.

Les diverses variétés du *Vitis Æstivalis* sont spécialement aptes au rôle de producteurs directs. Les plus connues d'entre elles sont : le *Jacquez* et ses dérivés, le *Saint-Sauveur* et le *Jacquez d'Aurelle* ; l'*Herbemont* et ses dérivés l'*Herbemont d'Aurelle* et le *Touzan* ; le *Black-July* et le *Cunningham*.

La résistance du JACQUEZ au Phylloxera est aujourd'hui démontrée par des observations nombreuses. Il est peu sujet à la chlorose. A l'exception des terres blanches de calcaire tendre, il prospère dans presque tous les terrains ; mais il donne les meilleurs résultats dans les terres profondes, riches et bien saines.

Le Jacquez peut être regardé comme le produit d'une hybridation entre le Vitis Æstivalis et une variété de Vitis Vinifera. Son vin est assez alcoolique, très coloré ; mais sa matière colorante est sujette à s'altérer.

Ce cépage est de fertilité moyenne. Il mûrit à peu près en même temps que l'*Aramon* et le *Carignan* ; mais il est utile de le récolter un peu avant sa maturité complète à cause du manque d'acidité de son vin. Cette particularité permettrait de le cultiver plus au Nord que ces derniers, si l'*Anthracnose* qu'il redoute beaucoup n'y mettait obstacle. On peut le considérer à cause de cela comme un cépage essentiellement méridional. Il ne peut être cultivé avec succès que dans la région comprise entre Nice et Carcassonne de l'Est à l'Ouest, et jusqu'à la hauteur de Montélimar au Nord.

Bien qu'on l'ait cultivé au début comme producteur direct, on l'emploie surtout actuellement comme porte-greffe.

Nous ne dirons que quelques mots du SAINT-SAUVEUR et du JACQUEZ d'AURELLE obtenus tous les deux par des semis de Jacquez. Le premier est aujourd'hui à peu près abandonné à cause de sa sensibilité au *Mildew*, sa résistance très douteuse au *Phylloxera* et son infériorité de production comparée à celle de beaucoup de cépages français que l'on peut greffer sur plant américain résistant. Le *Jacquez d'Aurelle* a donné en Algérie des vins très alcooliques et très riches en extrait. Il est peu répandu dans les vignobles Français. On ignore encore s'il résiste au phylloxera comme le Jacquez proprement dit.

HERBEMONT. — Ce cépage est, comme le *Jacquez*, l'un des plus résistants au phylloxéra. Son vin est moins grossier que celui fourni par ce dernier, mais il a beaucoup moins de coloration. Dans la région méditerranéenne, les terrains dans lesquels il prospère le plus sont les terres caillouteuses, perméables, faciles à échauffer et conservant pourtant pendant l'été une certaine fraîcheur. Dans un terrain qui ne lui conviendrait pas il serait facilement sujet à la *Chlorose*. Il résiste davantage à l'*Anthracnose* que le Jacquez, aussi remonte-t-il plus au nord et s'étend-il plus à l'ouest que lui. Il est enfin très réfractaire au *Mildew*.

L'Herbemont est plus difficile à faire reprendre de bouture que le Jacquez. Il peut être employé avec succès comme porte-greffe.

En somme ce cépage ne paraît pas appelé à jouer un rôle aussi important que le Jacquez dans les vignobles méridionaux.

BLACK-JULY. — Ce cépage, désigné quelquefois sous les noms de *Devereux* ou de *Lenoir*, est encore peu répandu en France, mais sa culture tend à s'y étendre de plus en plus.

Il donne un très bon vin ordinaire ; malheureusement la production est peu considérable. Il est moins sujet à la chlorose que le précédent. Il se plaît dans les terrains qui ne sont ni trop humides ni trop froids. Sa maturité est plus tardive que celle du Jacquez.

CUNNINGHAM. — Ce cépage présente de nombreuses analogies avec le *Black-July*. Il s'en distingue par ses feuilles d'un vert foncé très légèrement duveteux à la face supérieure, et d'un vert blanchâtre à la face inférieure. Les feuilles jeunes sont velues et blanches sur les deux faces. Le grain est d'un noir un peu grisâtre.

Son vin, riche en alcool, manque de couleur ; aussi l'emploie-t'on généralement pour faire des vins blancs assez estimés. Il est malheureusement peu fertile quoiqu'il paraisse s'accommoder de toutes les natures de sol.

Ce cépage reprend difficilement de bouture, ce qui rend impossible son emploi comme porte-greffe.

II°. — Vitis Riparia.

Le *Vitis Riparia* est cultivé sur une très grande étendue dans l'Amérique du Nord.

Tous les cépages issus du *Vitis Riparia* font d'excellents porte-greffes. Ils reprennent en effet très facilement de bouture et se prêtent très bien à la greffe du plus grand nombre de nos anciens cépages. Leur fruit a d'ailleurs un goût particulier qui ne permettrait pas de songer à en faire des producteurs directs.

Les formes de cette espèce que la viticulture a adoptées jusqu'ici sont : Les diverses races du *Vitis Riparia sauvage*, le *Solonis*, le *Clinton*, et le *Taylor*.

VITIS RIPARIA SAUVAGE. — Grâce à leur bon marché exceptionnel et à leur grande résistance au phylloxéra, les boutures de *Riparia sauvage* ont été employées considérablement dans nos vignobles.

Les variétés sauvages du *Vitis Riparia* sont très nombreuses. Monsieur Foex les groupe en quatre races principales :

1° Les *V. Riparia sauvages tomenteux.*

2° Les *V. Riparias sauvages glabres à feuilles minces.*

3° Les *V. Riparia sauvages glabres à feuilles épaisses.*

4° Les *V. Riparia sauvages à petites feuilles.*

Nous ne nous occuperons que des trois premières races, la quatrième étant généralement rejetée des cultures

I. — Les *V. Riparia tomenteux* sont ceux dont les feuilles et les rameaux sont recouverts d'un duvet dans le jeune âge. Ils sont très vigoureux, très bons pour la greffe, s'adaptant à tous les sols (sauf les terrains très calcaires ou trop humides).

II. — Les *V. Riparia glabres à feuilles minces* sont caractérisés par des feuilles dépourvues de poils à la face supérieure ainsi qu'à la face inférieure ; parfois pourtant cette dernière est revêtue de quelques poils raides sur les nervures. Ils ont les racines très dures et très résistantes au phylloxéra. Ils demandent des terrains pas trop argileux.

Le *Riparia Martin des Pallières* ou *Riparia Fabre* en est une variété assez recherchée qui joint aux qualités ci-dessus une grande résistance à la chlorose. Il prospère dans les terres de moyenne consistance, un peu sèches.

III. — *Les V. Riparia glabres à feuilles épaisses* se distinguent par les feuilles glabres plus luisantes et plus épaisses en même temps que moins allongées, et moins découpées sur les bords. Le cépage désigné sous le nom de *Scuppernon Jardin d'acclimatation*, remarquable par sa vigueur et sa résistance au phylloxéra et à la chlorose, peut être considéré comme la meilleure forme de l'espèce qu'on puisse employer comme porte-greffe.

Citons encore quelques formes de *Riparia sauvages* à recommander. Ce sont :

Le RIPARIA BARON PERRIER trouvé chez M. le baron Perrier de la Bathie, professeur départemental d'agriculture de la Savoie. On peut considérer ce plant comme un excellent porte-greffe.

Le RIPARIA GRAND GLABRE qui est une des formes les plus rustiques de l'espèce résistant remarquablement à la chlorose.

Le RIPARIA PORTALIS réputé par sa vigueur supérieure à celle des autres types et pour la beauté des greffes qu'il nourrit. On l'appelle aussi *Riparia Gloire de Montpellier*. Ses greffes ne jaunissent pas dans beaucoup de milieux sujets à la chlorose ; c'est peut-être la race qui convient le mieux aux terrains un peu difficiles au point de vue de l'adaption.

En résumé tous les *V. Riparia sauvages* sont d'excellents porte-greffes, résistent très bien au phylloxéra, et peuvent prospérer dans un grand nombre de terrains. Ils sont en outre d'un prix relativement bas. Ces nombreux avantages les font à bon droit rechercher.

SOLONIS. — Ce cépage est très résistant au phylloxéra, très peu sujet à la chlorose, et doué d'une vigueur remarquable. Le *Solonis* peut être placé à l'un des premiers rangs parmi les cépages aujourd'hui adoptés dans la pratique. Il se plaît dans les terrains un peu humides. Il est sujet à l'anthracnose dans les climats trop humides, le Beaujolais par exemple.

Les gros sarments du Solonis se multiplient difficilement de bouture ; c'est un défaut qu'on lui a reproché, mais il est à considérer que les sarments de petite et moyenne dimensions reprennent très bien.

Ce cépage peut être considéré comme le meilleur porte-greffe des terrains bas et des sols un peu salés des bords des étangs méditerranéens.

CLINTON. — C'est un des premiers cépages importés d'Amérique. Il fut dès le début l'objet d'un engouement général ; il pouvait, disait-on, être utilisé soit comme producteur direct, soit comme porte-greffe. On est revenu aujourd'hui à des idées plus exactes sur son compte. Bien qu'il donne un vin très coloré et très riche en alcool, on l'utilise peu comme producteur direct à cause de son faible rendement.

Il est très sujet à la chlorose, notamment dans les terres fortes froides et humides et dans les sols calcaires. Il prospère surtout dans les terres de consistance moyenne ou légères, perméables et fraiches. Les sols siliceux rouges lui sont particulièrement favorables.

Le *Clinton* ne peut produire assez qu'à la condition d'être tenu en treilles.

TAYLOR. — Ce cépage ressemble assez au précédent et a, comme lui, l'inconvénient de ne s'adapter qu'à un petit nombre de terrains. Placé dans des sols de consistance moyenne, à la condition qu'ils soient bien drainés, ou dans des terrains légers mais frais, on peut le considérer comme un des meilleurs porte-greffes qu'on puisse employer.

III° — Vitis Rupestris.

Le *Vitis Rupestris* provient de la région méridionale des Etats-Unis.

M. P. Viala qui a étudié cette espèce en Amérique la divise en deux groupes principaux.

Le premier qui comprend tous les cépages à petites feuilles, parmi lesquels les uns ont les feuilles lustrées sur les deux faces et sont généralement vigoureux. Les autres ont les feuilles ternes à la face supérieure et jaune verdâtre à la face inférieure ;

ils sont moins vigoureux que les premiers et doivent être rejetés des plantations.

D'après M. Foex, les V. Rupestris réussissent dans les terrains secs et arides, dans les sols sableux caillouteux et de calcaire dur. Il peuvent êtres cotés comme d'excellents porte-greffes, mais ne sauraient être utilisés comme producteurs directs, à cause du vin qui a le défaut d'être d'abord épais et bleu et de perdre ensuite rapidement sa couleur.

IV°. — Vitis Berlandieri.

Le *Vitis Berlandieri* se rencontre seulement au Sud des Etats-Unis où il croît dans les milieux les plus chauds.

M. P. Viala au cours de sa mission en Amérique a constaté que cette espèce croissait spontanément dans les régions très crayeuses du Texas. On l'a dès lors essayé comme porte-greffe dans les terrains calcaires crayeux ou de marnes blanches ; mais l'expérience a malheureusement démontré qu'il était d'une reprise difficile de bouture.

M. P. Viala et M. Foex ont tenté d'obtenir, par la sélection des pieds de *V. Berlandieri* obtenus de semis ou provenant d'importation américaine, des formes n'offrant pas l'inconvénient signalé plus haut, et certains résultats encourageants ont déjà été atteints. Divers croisements également tentés à l'Ecole d'Agriculture de Montpellier ont déjà donné des cépages qui paraissent de reprise facile, résistant au phylloxéra et s'adaptant très bien aux terrains calcaires tendres. Il y a donc lieu d'espérer que la difficulté qui s'opposait à l'emploi pratique du *Vitis Berlandieri* dans les sols crayeux sera bientôt levée, au moins pour les bonnes races dont la réussite paraît certaine.

Cépages Hybrides

Quelques viticulteurs habiles ont obtenu par le croisement de diverses espèces américaines entre elles, ou avec les vignes européennes, un grand nombre de cépages hybrides, dont quelques-uns jouissent d'une certaine notoriété en Europe. Les plus intéressants sont les suivants :

OTHELLO. — Ce cépage est le produit de la fécondation du *Clinton* par le *Black-Hambourg*. — Sa production abondante et son adaptation facile à diverses natures de sol l'ont fait d'abord adopter comme producteur direct. Mais sa résistance insuffisante au *phxlloxéra*, sa sensibilité à l'action du *Mildew*, la fragilité de ses sarments, l'ont fait à peu près abandonner dans le Midi.

CANADA. — Hybride du *Clinton* et du *Black-Saint-Peters*. Ce cépage résiste assez au *phylloxéra* dans les terres riches, profondes et fraiches. Il est assez accessible au *Mildew* et au *Black-Rot*. Son vin un peu acide est très droit de goût. Il prospère dans le Beaujolais mieux que dans le Midi. Il peut avoir quelques chances d'avenir dans les contrées viticoles dont le climat n'est pas trop sec.

Nous devons citer comme, provenant de la même origine, le *Brant* et le *Cornucopia* dont les caractères se rapprochent beaucoup du *Canada*.

SECRETARY. — Nous ne parlerons que pour mémoire de cet hybride obtenu par le croisement du *Clinton* et du *Muscat Hambourg*. Il est assez sensible aux attaques du *phylloxéra, du Mildew*, et du *Black-Rot*. Il ne donne d'ailleurs qu'un raisin de table.

VIALLA. — Ce cépage a été obtenu de semis par M. Durieu de Maisonneuve, directeur du Jardin des Plantes de Bordeaux. On le désigne fréquemment sous les noms de *Clinton Vialla* ou *Semis de Clinton*. A cause du goût particulier de son vin, on ne peut guère se servir de ce cépage comme producteur direct ; mais il fait un excellent porte-greffe, très vigoureux et peu sujet à la chlorose. Il est très estimé dans la Gironde et le Beaujolais et se répandra très probablement dans la Bourgogne et le Mâconnais lors de la reconstitution de ces vignobles.

Il existe encore de très nombreux hybrides ; mais leur description nous entraînerait trop loin. Nous devons cependant nommer encore, sans nous arrêter pourtant à leurs caractères, le BLACK-DEFIANCE (issu du croisement du *Concord* et du *Black-Saint-Peters*) et le SENASQUA (hybride du *Concord* et du *Blach-Prince*), tous les deux assez sensibles au phylloxéra ; l'ELVIRA (issu du *Taylor* et du *Sphinx*) ; sa production insuffisante en a fait délaisser la culture ; le TRIUMPH provenant du croisement du *Concord* et du *Chasselas*, qui redoute le *Black-Rot* et le *Brown-Rot* et dont le vin possède un goût particulier qui ne peut que nuire à son extension, et enfin l'AUTUCHON (hybride de *Clinton* et de *Chasselas doré*) peu résistant au *phylloxéra* et assez sujet au *Mildew*, qui fournit un vin assez agréable, mais d'un rendement insuffisant.

Choix des Cépages

Les deux questions que doit se poser le viticulteur avant de reconstituer son vignoble sont celles-ci : 1° Doit-il planter des producteurs directs ou a-t-il plus d'avantages à faire usage de porte-greffes ? 2° Quel choix doit-il faire parmi les cépages américains connus, au point de vue de l'adaptation à son sol et au climat ?

Nous allons essayer de l'aider dans la solution de ces deux importantes questions.

Et d'abord doit-on planter une seule variété de cépages ou plusieurs variétés simultanément ?

Si le viticulteur pouvait être certain que tel cépage convient mieux que tous les autres à son terrain et à son climat, il y aurait assurément avantage pour lui à le choisir à l'exclusion de tous les autres. Mais cette méthode offre des dangers, car toutes les années ne se ressemblent pas. Telle année sera chaude et sèche, telle autre sera froide et humide, et il est évident que ces variations atmosphériques influeront en bien ou en mal sur une même variété, en sorte qu'une récolte pourra être très bonne et l'autre absolument mauvaise. Il vaut donc mieux, nous semble-t-il, planter simultanément dans un même terrain trois ou quatre variétés différentes résistant de diverses façons à l'état atmosphérique. On comprend que, dans ce cas, si l'une d'elle est influencée défavorablement soit par le trop d'humidité, soit par le trop de sécheresse, les autres variétés, plus résistantes à ces actions, compenseront la perte subie par le cépage plus affecté. Le viticulteur pourra donc être à peu près certain que, par l'emploi de ce procédé, il aura toujours de bonnes récoltes moyennes.

Il est utile, dans ce cas, de ne pas mélanger les plants dans un même terrain, mais de réserver un carré à chaque variété. Chacune d'elles, en effet, ne mûrira pas à la même époque que sa voisine ; tel plant demandera à être vendangé plus tôt, tel autre plus tard. On pourra donc, en séparant les plants, cueillir les fruits d'une manière méthodique et plus commode au fur et à mesure que chacun d'eux sera parvenu à maturité parfaite. D'autre part la taille se faisant généralement à une époque où les vignes n'ont pas de feuilles, il serait très-difficile de reconnaître les variétés dans une vigne où on les aurait mêlées. Or nous savons que, non-seulement l'époque la plus favorable à la taille, mais la taille elle-même varient avec les diverses variétés. Il est donc utile de les reconnaitre au premier coup d'œil, ce qui ne peut avoir lieu qu'en donnant à chaque catégorie de plants un carré spécial.

Ces considérations préliminaires posées, examinons quels sont les cépages américains qu'il convient de choisir.

Comme producteurs directs, on a conseillé un certain nombre d'hybrides américains tels que : l'*Othello*, le *Canada*, le *Black-Défiance* etc..., mais ces divers cépages n'ont pas donné tous les résultats qu'on en a tendait. Le Jacquez est recommandable comme producteur direct, à cause de l'abondance et de la coloration du vin qu'il donne.

Quant aux porte-greffes, assez nombreux, les principaux sont : le *Clinton*, le *Taylor*, le *Vialla*, les V. *Rupestris sauvages*, le *Jacquez*, le *Solonis*, le V. *Rupestris*, sur lesquels les greffes prennent facilement ; l'*Yorck-Madeira*, le *Taylor*, le *Jacquez*, le *Vialla*, les V. *Riparia sauvages*, le V. *Rupestris* et le *Solonis*, sur lesquels la soudure s'opère de façon satisfaisante; le *Solonis*, le *Jacquez*, le *Riparia-Portalis*, et le *Taylor*, dont le mérite est de ne pas laisser jaunir les greffes.

Adaptation au terrain.

Il y a trop peu de temps que nous cultivons les vignes américaines pour que nos connaissances sur l'adaptation des cépages au sol soient bien complètes. Nous devons donc nous borner à donner de cette question un aperçu général, qui permettra au viticulteur de diriger son choix et de le circonscrire au petit nombre de cépages pouvant s'adapter particulièrement à son terrain. Quant au choix du cépage lui-même, il devra s'inspirer surtout des expériences tentées autour de lui.

En général on peut cultiver avec succès dans les terres d'alluvion humides et profondes le *Jacquez* et le *Solonis*. Ces deux cépages prospèrent aussi dans les terres profondes, de consistance moyenne, s'égouttant facilement, mais ne se desséchant pas trop en été. Ces terrains conviennent aussi très bien aux diverses variétés du *Riparia sauvage*, au *Black-July*, au *Vialla*, au *Taylor*, et à l'*Herbemont*. Ce dernier réussit surtout si le sol est coloré en rouge par le peroxyde de fer. Quelques-unes des variétés ci-dessus, telles que le *Cunningham*, le *Jacquez*, le *Vialla*, le *Taylor*, se plaisent aussi dans les terres légères, caillouteuses et bien drainées, quoique conservant un peu d'humidité dans la saison chaude. Les diverses variétés sauvages du V. *Riparia*, le V. *Rupestris*, l'*Herbemont*, le *Concord*, et le *Clinton* s'y trouvent également très bien, mais à la condition pour les deux derniers que le sol ne soit pas calcaire.

Les V. *Riparia* et *Rupestris* viennent également très bien dans les terrains caillouteux, calcaires, quoique secs et arides, ainsi du reste que le *Yorck-Madeira*. Les sols crayeux conviennent particulièrement aux meilleurs types du V. *Berlandieri*.

Le Jacquez, le Black-July, le Cunningham, le Clinton, se comportent très bien dans les terres sableuses, siliceuses, légères et perméables.

CHAPITRE IV

Vendange et Vinification

Les conditions bonnes ou mauvaises dans lesquelles la vendange s'effectue devant influer sur les qualités propres au vin, il nous a paru utile de réunir dans un seul et même chapitre la *Vendange* et la *Vinification*.

Faire du bon vin est aujourd'hui une science, et c'est, le plus souvent, pour avoir négligé ces données logiquement déduites de l'expérience, pour avoir refusé de mettre à profit les recherches scientifiques les plus récentes, pour avoir, en un mot, persisté dans la routine, que la plupart des viticulteurs ne tirent pas du fruit de la vigne tout le parti qu'ils pourraient en obtenir.

La vendange n'est pas seulement la *récolte* ou *cueillette* ; elle doit comprendre encore, pour être bien faite, le *triage*, le *foulage*, et, si cela est nécessaire quand on analyse le moût, l'amélioration de celui-ci.

Nous ne parlerons que pour mémoire de l'*effeuillage*, pratiqué jadis quelque temps avant la vendange dans certaines contrées vignobles du midi dans le but de maintenir une certaine acidité dans le raisin naturellement très-riche en sucre. On y a généralement renoncé aujourd'hui.

Il est évident, et nous n'avons pas besoin d'insister sur ce point, que la maturation des raisins sera plus ou moins rapide, suivant la température qui aura régné depuis la véraison. La maturité est complète lorsque le grain cesse de grossir, acquiert toute sa coloration normale, se détache facilement et se laisse facilement aussi écraser, sa peau étant notablement amincie. Mais convient-il d'attendre toujours que la maturité soit parfaite pour vendanger ? Cela dépend du climat, du cépage et du genre de vin que l'on veut obtenir. Dans une année à température moyenne, il faut attendre que la maturité soit complète dans les pays froids, et même aussi complète que possible. Dans les régions tempérées il convient de vendanger à maturité atteinte mais non dépassée ; enfin pour les vignobles situés en un climat très chaud comme le midi de la France, l'Espagne, l'Algérie, il est préférable de vendanger avant la complète maturité.

Dans le Midi de la France, où les cépages sont généralement très variés, on a l habitude de vendanger aussitôt que la moitié des raisins sont mûrs et sans attendre que l'autre moitié le soit complètement. Dans ce cas la verdeur d'une partie des grains donne au vin l'acidité que la parfaite maturité des autres lui aurait fait perdre. C'est une excellente méthode pour ne pas arriver à produire ces vins plats, sans bouquet et sans corps, qui paraissent supérieurs au moment du soutirage, mais qui ne sont pas aptes à se bonifier.

Nous avons dit que, par suite de la différence des cépages, il arrive parfois que dans une même vigne, la maturation ne se produit pas d'une façon régulière. On peut la hâter sur les plants retardataires en enlevant avec des ciseaux une partie des grains trop serrés ou mal venus, ou même des grappes mal développées ; mais ce travail n'est pratique que sur de petites quantités.

La température la plus propice à la vendange est celle d'un jour sec et serein, *sans menace de pluie*. Si des brouillards obscurcissent l'atmosphère au lever du jour, il faut attendre que le soleil les ait dissipés et qu'il ait aussi vaporisé la rosée, agent conducteur des miasmes et germes infectieux contenus dans l'air.

Il convient en outre de mettre assez de monde à la cueillette pour qu'elle soit terminée rapidement, tant à cause des pluies qui arrivent souvent en septembre et octobre que pour qu'une cuve commencée soit vite remplie, afin, comme nous le verrons plus tard, de ne pas nuire à la fermentation.

Le raisin devrait être coupé avec un sécateur de préférence à tout autre instrument, parce qu'il permet d'aller aussi vite qu'avec une serpette et n'ébranle pas, comme elle, la souche. Les fruits sont déposés d'abord par les coupeurs dans des cornues ou des paniers que les chargeurs vont vider dans les grands récipients installés sur des charrettes. C'est à ce moment que doit s'effectuer le triage en rejetant dans un panier à part tous les raisins qui ne paraîtraient pas aptes à produire du bon vin.

C'est en effet un préjugé de croire qu'on peut mettre indistinctement dans la cuve tous les raisins. Dans les vignes tenues basses par exemple, les raisins les plus rapprochés de terre sont généralement souillés de boue ou de poussière. Il est indispensable de les mettre à part pour les laver et les laisser sécher avant de les fouler si l'on veut obtenir un vin bien fait. Il faut agir de même avec les fruits tachés de chaux ou de sulfate, en particulier dans les années de sécheresse.

La première opération que subit la vendange en arrivant au cellier est le *foulage*. On s'est préoccupé de créer des appareils, appelés *fouloirs*, qui exécutent cette opération avec une grande économie de temps ; mais nous croyons avec MM. Portes et Ruyssen que le foulage par les pieds de l'homme donne de bien meilleurs résultats au point de vue d'une bonne vinification. Le poids de l'homme en effet ne suffit pas à écraser les raisins verts qui ont échappé au triage et qui pourraient répandre dans la cuve un jus impropre à donner du bon vin. C'est là un grand avantage sur le fouloir qui écrase tout, même le plus souvent les pépins qui contiennent une huile fixe nuisible au vin. D'autre part, dans le foulage à pieds d'homme, le fouleur est obligé de remuer souvent les raisins avec une pelle ou un rateau en bois, ce qui met la masse en contact répété avec l'air et rend ensuite la fermentation plus facile.

La première recommandation à faire au vigneron est d'observer pour tous les ustensiles, qui servent à la vendange ou à la vinification, la plus grande propreté. Il est utile que, pendant l'année qui vient de s'écouler, tous ces ustensiles aient été soignés de telle sorte qu'aucune souillure ne s'y soit attachée. En tous cas, quelque temps avant la vendange, tous doivent être nettoyés méticuleusement. Les comportes, bailles, cuves en bois seront lavées à grande eau, brossées énergiquement et soigneusement essuyées. Pour les cuves en maçonnerie, il est important de les blanchir légèrement à la chaux quelques jours avant et de les bien brosser la veille de la vendange.

De même — et de ceci l'on ne se préoccupe généralement pas assez — il faut tenir très-propres le local, le cellier et même les cours ou bâtiments qui l'entourent ; sous aucun prétexte il ne faut y laisser séjourner du fumier ou d'autres matières mal odorantes, l'alcool en formation dans les cuves étant un dissolvant très actif de toute odeur bonne ou mauvaise.

Au moment où les raisins foulés et le moût qu'ils ont fourni sont mis en cuve, ils sont à la température ambiante. Dans les vignobles du midi de la France cette température est généralement celle qui convient à une bonne vinification ; mais dans les pays plus chauds, l'Algérie et la Tunisie par exemple, les raisins atteignent souvent 30 et 35 degrés au moment de la mise en cuve, et, comme la fermentation augmente cette température de 10 à 15 degrés, la vendange risque d'atteindre les limites où la levure cesse de fonctionner normalement. On y remédie généralement en organisant des courants d'air pour rafraîchir la vendange et en procédant à la mise en cuve pendant la nuit ou de très bon matin.

Dans les régions plus froides, au contraire, comme la Bourgogne, il arrive fréquemment que la température est trop basse et que par suite la fermentation s'établit trop lentement et dure trop longtemps. Il faut alors chauffer le moût ou échauffer l'atmosphère du cellier.

Pour que la fermentation se produise régulièrement, la cuve doit être d'une contenance moyenne; les cuves trop grandes ne peuvent souvent pas être remplies dans une même journée et il arrive alors parfois que les plus hautes couches arrêtent la fermentation déjà commencée des couches inférieures et lui nuisent.

Il faut de plus veiller à la bonne disposition du récipient. Le jus qui s'échappe du raisin doit en effet être préservé du contact de toute moisissure que l'air ambiant développerait dans le *chapeau*, c'est-à-dire dans la masse que forme la *râfle* en surnageant. On a cru longtemps que l'acide carbonique, étant donnée sa densité, formait au-dessus du chapeau une couche suffisante pour empêcher son contact avec l'air ; aussi bien des vignerons se servent-ils encore de cuves ouvertes et à chapeau flottant. C'est là une grave erreur ; il suffit pour s'en convaincre de plonger une bougie allumée dans l'atmosphère de la cuve, à la fin de la fermentation, et le plus souvent elle ne s'éteint pas, ce qui prouve la présence de l'air en assez grande quantité.

Avec la cuve ouverte et à chapeau flottant il faut absolument, au moins deux ou trois fois par jour, refouler le chapeau dans la cuve ; mais cela présente des inconvénients et entre autres celui-ci : le chapeau, dans son contact de quelques heures avec l'air, subit presque toujours la fermentation acétique, et, refoulé, il introduit dans le moût des germes d'altération qui, en occasionnant la formation d'éther acétique, donnent parfois au vin un goût d'aigre assez prononcé.

On a fait de nombreuses expériences pour remédier à cette cause de mauvaise fermentation et le système auquel on parait s'être arrêté consiste dans l'emploi de cuves fermées. Dans ce cas le chapeau est submergé au lieu de flotter à la surface. On évite ainsi le refoulement du chapeau qui, non-seulement retarde la vinification, mais offre cet inconvénient d'introduire dans la masse le marc souillé par les moisissures ou contenant des ferments acétiques que le contact de l'air a developpés.

Pendant les opérations que nous venons de décrire et jusqu'à complète fermentation, le liquide contenu dans la cuve n'est pas encore du vin, mais simplement du moût, plus ou moins sucré, plus ou moins acide. Or ce moût ne sera susceptible de se transformer en vin de bonne qualité qu'autant que les proportions de sucre qu'il renferme donneront un degré convenable d'alcool, en même temps que leur acidité sera suffisante pour que la vinification s'opère régulièrement au point de vue du degré et de la couleur. On s'en assure au moyen d'aréomètres et d'autres appareils décrits dans tous les traités spéciaux. Les défauts du moût une fois connus grâce à ces appareils et aux expériences faites, on y remédie par divers procédés, généralement avant que la fermentation soit complète.

Si le moût est trop pauvre en sucre et conséquemment en alcool, on y ajoute du sucre dénaturé (1 kilog 700 grammes par hectolitre pour chaque degré supplémentaire d'alcool à obtenir). Par le décret du 22 juillet 1885, il est interdit d'ajouter à la vendange plus de 20 kilogs de sucre par trois hectolitres.

Pour augmenter au contraire l'acidité, on met dans la cuve un supplément de raisins acides ou bien on saupoudre la vendange d'acide tartrique au moment de l'encuvaison (400 à 700 grammes d'acide pour 1000 kilogs de vendange).

Pour donner au vin du brillant, de la solidité et de la vivacité, on peut saupoudrer les raisins avant de les mettre en cuve, soit avec du *plâtre* ou *sulfate de chaux* (procédé contraire à l'hygiène), soit encore avec du *phosphate de chaux*, de l'*acide tartrique et de la craie*, du *tannin*, ou des préparations dans lesquelles ces matières sont combinées entre elles.

Nous n'avons pas besoin de dire que sous un climat convenable, tel que celui du Midi de la France, le vigneron habile, expérimenté et consciencieux, qui a su cultiver convenablement les cépages connus comme les meilleurs et faire pour sa cuvaison un bon choix de raisins mûrs à point, ne se verra pas obligé de recourir à ces procédés factices dont l'emploi n'est que trop souvent peu favorable à la santé publique.

Nous avons eu le plaisir d'assister l'année dernière aux vendanges et aux opérations de vinification de Messieurs les *Propriétaires de Vignobles réunis*. Cette association, qui se compose des meilleurs viticulteurs du Gard et dont le siège social est à Nimes, répudie comme impropre à la santé publique toute addition de matières étrangères à la vendange : « Tous « ces procédés factices, nous disait l'un d'eux, sont « inutiles si l'on sait choisir et mêler à la cuve diver- « ses variétés de cépages et si l'on veut se donner « toute la peine nécessaire pour assurer la bonne « marche naturelle de la fermentation. Nous connais- « sons par l'expérience de nombreuses années, tout

« ce que peut donner en particulier chacun des vi-
« gnobles de notre association. Tel cépage, venu
« dans tel terrain et suivant telle exposition pourra
« donner un vin un peu doux et très-alcoolique ; tel
« autre donnera des vins plus acides et moins corsés ;
« ici nous pourrons faire des vins très colorés et for-
« tement chargés en tanin ; là ce sont des cépages
« à grand rendement, susceptibles de donner des
« vins frais et peu chargés. Il est évident que, si
« chacun de nous faisait son vin uniquement avec les
« raisins dont il dispose, chacun de ces vins aurait
« des qualités différentes et aussi des défauts parti-
« culiers qu'il faudrait corriger par l'emploi des
« moyens factices que nous repoussons. Mais par
« un mélange rationnel des fruits de nos divers cépa-
« ges nous arrivons à nous passer facilement de
« toute addition de matières artificielles.

Il serait à désirer que tous les viticulteurs s'inspirassent de cette façon d'agir, mais il est évident aussi qu'un simple particulier, pour aussi grand que soit son vignoble, ne saurait faire, livré à ses seuls moyens d'action, ce que peut facilement exécuter une association puissante et bien comprise. C'est pour cela que nous avons cru devoir dire quelques mots de ces procédés factices à employer pour corriger la vendange, procédés qui pourront être utiles au plus grand nombre, mais dont il serait désirable de voir disparaître petit à petit l'application.

Une fois les cuves remplies, la fermentation ne tarde pas à commencer. Elle s'annonce par un dégagement des premières bulles d'acide carbonique. C'est la fermentation tumultueuse. De sa durée dépend celle de la cuvaison, qui varie suivant le climat, la température de la vendange, la nature des cépages et le degré de maturité des raisins, entre quatre et cinq jours et un mois ou même davantage.

La cuvaison est terminée lorsque l'acide carbonique

cesse de se dégager et que le vin prend une saveur indiquant la transformation à peu près complète du sucre en alcool. Nous disons « à peu près complète », car au sortir de la cuve le vin doit posséder encore une petite dose de sucre qui produira dans les tonneaux pendant la fermentation lente un complément d'alcool et les divers parfums dont l'ensemble constituera le *bouquet* du vin.

Pendant toute la durée de cette seconde fermentation les récipients qui ont reçu le vin (cuves, foudres, tonneaux) doivent rester en communication avec l'air. Cette période passée, on fait le plein et on ferme les foudres et fûts, mais il faut encore, jusqu'au premier soutirage qui a lieu généralement en mars, maintenir la température des caves entre 8 et 10 degrés, éviter de déplacer les fûts, de laisser se produire des courants d'air, et enfin faire le plein à des intervalles de deux ou trois jours d'abord, d'une semaine ensuite en augmentant ainsi jusqu'à la fin.

Lorsque le vin a été séparé de sa lie par le soutirage de mars dont nous venons de parler, on peut le considérer comme fait. Il n'a plus maintenant qu'à vieillir pour acquérir toutes les qualités que lui vaudront la nature des cépages qui l'ont fourni, celles du sol et du climat.

Vinifications spéciales

Des procédés particuliers de vinification permettent d'obtenir diverses sortes de vins dont nous allons dire quelques mots :

Vins blancs. — Les vins blancs sont extraits de raisins blancs ou de raisins noirs à jus incolore, mais dans ce dernier cas on sépare de la pulpe les pellicules qui coloreraient le liquide. Leur fabrication demande plus de soins que celle des vins rouges. Le moût, à peine formé, est souvent versé en tonneaux bien affranchis de tout goût et de toute couleur, et là s'accomplissent toutes les périodes de la fermentation; souvent aussi on procède à un soutirage aussitôt la fermentation terminée.

On peut enfin fabriquer des vins blancs secs qui resteront cependant liquoreux pendant un an ou deux, en rendant la fermentation lente. Pour cela, le tonneau restant bien ouvert, on écume à mesure la mousse qui se produit à la surface du liquide et qui contient une grande partie des ferments.

Vins noirs. — Ce sont les vins que l'on cherche à colorer le plus possible à l'effet de s'en servir pour les coupages. Ce résultat est obtenu en faisant bouillir les pellicules des raisins sans les mêler aux moûts avant que leur fermentation soit en pleine activité. On peut encore chauffer le grain dans des chaudières jusqu'à ébullition avant de le jeter en cuve. La durée de la cuvaison peut aller jusqu'à un mois.

Vins mousseux. — Chacun sait ce que sont les vins mousseux qui ont pour types les vins de Champagne. Pour les fabriquer, on fait passer le raisin au pressoir. puis on fait fermenter en tonneaux. Devenu parfaitement limpide dès les premiers froids, le vin est soutiré, mis en foudres et de là en bouteilles au printemps ; c'est dans les bouteilles que la fermentation s'achève, le sucre restant dans le liquide se transforme en acide carbonique, mais l'âge seul et une habile manipulation donneront au vin ses qualités de finesse et de bon goût. Ajoutons que dans la plupart des cas il est nécessaire d'y introduire pendant sa préparation et à diverses reprises le sucre qu'il ne renferme pas en quantité suffisante.

Vins rosés. — Les vins rosés, qui participent de la nature des vins blancs et de celle des vins rouges, sont obtenus par un décuvage prématuré, opéré entre 24 et 48 heures après le commencement de la fermentation, au moment précis où le vin renferme moitié moins de sucre que n'en renfermait le moût au début.

Vins de liqueur. — Dans les pays chauds on obtient au naturel les vins de liqueur en exposant les raisins au soleil et à l'air, sur des claies, jusqu'à ce qu'ils soient *passerillés*. A cet état une grande partie de l'eau qui compose le jus du raisin est éliminée par évaporation et la proportion de sucre se trouve beaucoup plus considérable. Dans les climats plus tempérés on arrive à un résultat analogue par le procédé suivant : on opère l'évaporation de l'eau par le chauffage en étuve ou par l'ébullition prolongée du moût en chaudière, en ayant soin d'enlever l'écume qui se forme à la surface. Lorsque le moût a atteint la densité de 18 degrés à froid, on le clarifie avec des blancs d'œufs bien battus dans un moût froid, et, lorsqu'il est bien limpide, on le verse dans un tonneau où il est traité comme les moûts naturels. Dans tous les cas l'égrappage complet est nécessaire. Lorsqu'on opère sur des raisins noirs, il faut soutirer le vin après la première fermentation et y ajouter le jus exprimé du marc par le pressoir.

L'AMÉLIORATION DES VINS

PAR LES

LEVURES PURES SÉLECTIONNÉES

Nous ne saurions terminer ce chapitre sans y traiter une question toute d'actualité et d'une grande importance. Nous voulons parler de l'effet des levures.

La vinification, c'est-à-dire le travail de transformation du moût de raisin en vin, est restée pendant fort longtemps à l'état stationnaire. Ce n'est qu'en 1876 que M Pasteur pressentit les progrès que pouvait réaliser l'art de faire le vin, lorsqu'il écrivit que « le goût, les qualités du vin, dépendent certainement, pour une grande part, de la nature spéciale des levures qui se développent pendant la fermentation de la vendange. » Il avait ajouté : « On doit penser que, si l'on soumettait un même moût à l'action de levures distinctes, on en retirerait des vins de diverses natures. »

Cette voie, si nettement indiquée par l'illustre maître, n'a pas été immédiatement parcourue. Toutefois, M. Duclaux, en 1887, a été très près de s'occuper de cette question. Mais la première publication à l'Académie des sciences, précisant l'influence des levures de grands crus sur le bouquet des boissons fermentées, date du 5 mars 1888, et a été faite par M. G. Jacquemin, chimiste à Nancy. Cette publication a été suivie de beaucoup d'autres du même auteur, auquel on doit, en outre, deux procédés qui permettent d'isoler les bouquets engendrés par les diverses levures du vin.

M. G. Jacquemin n'a pas été seul à travailler cette question si importante de l'amélioration des vins par les levures sélectionnées ; d'autres publications dans le même sens sont survenues, nous citerons celles de MM. L. Marx, Martinaud, Rietsch et Rommier.

Pour que l'on puisse se faire une idée des progrès accomplis par la nouvelle méthode de vinification, rappelons ce qui passe dans la fermentation ordinaire livrée à elle-même. Les raisins, même de choix, servent de support aux germes de levure, et à ceux des bactéries de diverses races, et trop souvent de mauvaise nature ; or, après le foulage, ces germes, bons ou mauvais, entrent en évolution, participent à la fermentation, se nourrissent des mêmes aliments, du sucre en particulier, de sorte qu'il en résulte une production moindre d'alcool, et, de plus, lorsque la levure de vin aura terminé son action, s'il reste des bactéries de mauvaise nature, ce qui n'est pas très rare, elles poursuivront leur rôle et détermineront les maladies du vin.

Or, il n'en est pas ainsi quand on emploie pour la vinification des levures pures et actives de vin. Elles prennent immédiatement le dessus dans le phénomène de la fermentation, elles envahissent tout le champ, elles empêchent les germes naturels, bons ou mauvais, de la grappe ou du raisin, d'évoluer, elles les étouffent, et le résultat final est un vin amélioré comme qualité générale, développement du bouquet, augmentation du degré alcoolique de 0°5 à 2°, dépouillement et brillant du vin sans plâtrage, et conservation assurée sans pastorisation et sans électrisation.

Pour obtenir ces résultats remarquables, il faut que la levure pure soit employée immédiatement après le foulage, afin que les ferments naturels et les bactéries du raisin n'aient pas le temps de commencer leur action.

On peut déverser la levure active à la dose d'un litre par 8 à 10 hectolitres de vendange, sans aucune manipulation spéciale, en ayant soin de la répartir aussi bien que possible, par couches, à mesure que l'on jette les raisins foulés dans la cuve.

Mais, si l'on veut obtenir le maximum d'effet, il faut préparer un levain. Dans un fût bien propre, on ajoute, pour chaque litre de levure pure, 20 litres de jus de raisins *rapidement* exprimés et séparés des grappes, et n'ayant pas encore commencé à fermenter naturellement. Ce levain fermente activement sous l'influence de la levure, et au bout de 30 à 40 heures on s'en sert pour mettre en fermentation la vendange, en le répartissant tout de suite après le foulage du raisin.

Tout ce qui vient d'être dit sur les levures naturelles des raisins, et sur les levures de vins cultivées, pures et actives, s'applique à la production des boissons alcooliques grandement consommées dans la région du Nord et Nord-Est de la France : nous voulons parler du cidre et du poiré. Les travaux de M. G. Jacquemin ont démontré qu'il y avait des races de levures de cidre ou de poiré parfaitement distinctes, et capables d'imprimer chacune son action particulière sur le moût de pommes ou de poires qui fermentera sous son influence.

Choisissant parmi les levures de pommes ou de poires celles qui lui paraissaient les plus vigoureuses, et les cultivant à l'état pur, il les a fait introduire dans le moût, avant que les ferments naturels aient eu le temps d'entrer en action. Or, partout on a constaté que la levure pure sélectionnée évoluait rapidement, envahissait ainsi tout le champ, et, étouffant les ferments naturels de la pomme, s'opposait à la prolification des bactéries. L'expérience, pratiquée en grand, a prouvé qu'il en résultait une grande amélioration des cidres et des poirés.

La production de l'hydromel méritait aussi d'attirer l'attention. Elle est aujourd'hui tout à fait régularisée par l'emploi des levures pures et actives qu'a de même conseillé M. G. Jacquemin. On conçoit toute l'importance de ce nouveau service rendu, qui permettra l'utilisation, comme matière sucrée, de tous les déchets de la préparation du miel, et assure la bonne qualité de cette boisson si recommandable. L'expérience, car c'est toujours elle qui doit être invoquée, a déterminé que l'on doit accorder pour la fermentation du miel toute préférence à la levure Sauterne, qui fait fermenter très activement, donne un certain bouquet d'origine, et rend l'hydromel plus fin, plus délicat, plus agréable.

M. G. Jacquemin devait couronner son œuvre en appliquant ses levures pures à la production des eaux-de-vies de vin, de cidre et, en général, de tous les fruits. Les résultats d'expériences faites sous son inspiration ont été très satisfaisantes sous le rapport du rendement et de l'amélioration de ces boissons.

Il s'est en même temps adressé aux distilleries industrielles et agricoles (grains, mélasses, betteraves, topinambours, pommes de terre). Son procédé particulier de fermentation, qui repose sur l'emploi d'appareils permettant la stérilisation, donne en résumé avec l'emploi de ses levures pures actives, spécialement sélectionnées pour la distillerie : fermentation plus égale, chute mathématique des cuves, transformation absolue du sucre en alcool, disparition à peu près complète des produits de tête, diminution des moyens goûts, et production maximum d'alcool neutre, pur ou de cœur, se vendant avec prime.

On sait combien, à tort ou à raison, on a pris l'habitude d'incriminer les alcools d'industrie, et de leur faire porter tout le poids de l'alcoolisme.

On a cru trouver un remède au mal, en proposant de confier à l'Etat le monopole de la rectification de tous les alcools. Ce projet deviendra inutile avec l'application du procédé Jacquemin, parce qu'il offre, au point de vue de l'hygiène publique, la plus grande sécurité. Bientôt, tous les distillateurs voudront suivre successivement l'exemple de ceux qui, depuis 1892, ont adopté avec succès le progrès qu'on leur présentait.

Pour rendre pratique l'emploi des levures pures de vin et autres, M. G. Jacquemin a créé, en 1891, l'Institut La Claire, entre Le Locle et Morteau (Doubs). Cet établissement, à la fois scientifique et industriel, est situé exactement à une altitude de *mille* mètres. A cette hauteur, la pureté de l'air est considérable, et cette circonstance voulue et recherchée facilite les manipulations des cultures pures. C'est le seul établissement en Europe qui soit placé dans d'aussi bonnes conditions.

On y cultive les levures de vins des grand crûs de France, les principales levures de cidre, de poiré, des levures pour l'hydromel et des levures spéciales pour distillerie.

Toutes les prescriptions de M. Pasteur sont suivies à l'Institut La Claire pour obtenir ces levures si diverses dans un état de pureté absolu. La grande salle où l'on ne pénètre qu'après avoir endossé des vêtements stérilisés, et qui est aérée par de l'air filtré et chargé d'essence de canelle, microbicide par excellence, contient 26 appareils producteurs de levure pure, qui permettent d'obtenir cinq mille litres de levure par jour.

Près de cinq mille viticulteurs ont employé, en 1892, les levures pures et actives de l'Institut La Claire. Les résultats ont été très satisfaisants, le vin a gagné en valeur marchande de 3 à 10 francs par hectolitre, suivant les régions, et, parfois, il a doublé de valeur. On voit que ces progrès réalisés dans la vinification au grand profit de la viticulture française, et qui ont pris naissance en France, méritent largement d'être pris en sérieuse considération.

CHAPITRE V.

Traitement des vins

Cette partie de notre étude est de la plus grande importance, car on le comprend aisément, à quoi bon donner tant de soins à la culture de la vigne et à la vinification, si, le vin une fois convenablement préparé, on ne s'appliquait à lui conserver ses qualités et à les augmenter par un traitement bien entendu? Nous allons donc passer en revue les conditions à remplir pour les locaux et le matériel dont le choix ou l'emploi doivent assurer le meilleur effet en ce sens, nous parlerons ensuite des opérations par lesquelles on peut rendre les vins aussi clairs, aussi brillants, aussi souples, forts et colorés que le comporte la nature de chaque crû.

Les caves, leurs assainissement.—D'après les hommes les plus compétents, une bonne cave doit être plutôt humide que sèche, sans que cependant la moisissure s'y puisse développer. La température doit y être constamment de 10 à 11 degrés, ce que l'on obtient en la construisant en voûte, à une profondeur de 1 mètre à 1 mètre 50, suivant qu'elle est ou non recouverte par un bâtiment. Les ouvertures seront pratiquées du côté du nord ou du levant et de manière à ne laisser pénétrer qu'une lumière modérée tout en permettant d'établir des courants d'air. Autant que possible, elle sera à l'abri de tous les ébranlements du sol produits par le voisinage d'une rue où passent des voitures, ou d'un atelier où s'exerce une industrie bruyante ; le vin agité par de fréquentes secousses ne se conserve pas bien.

Enfin et surtout, par les raisons que nous avons déjà données dans le précédent chapitre à propos du moût en cuve, tout amas ou courant de matières dégageant une mauvaise odeur doit être soigneusement éloigné de la cave où l'on tient cette précieuse et délicate liqueur qui nous occupe. Ni fosses d'aisances, ni tas d'immondices, ni égouts, ni bûcher même où pourraient se trouver des bois verts en fermentation ne doivent exister dans le voisinage immédiat d'une bonne cave. Les cloisons en planches ou en maçonnerie couvertes d'un enduit sujet à la pourriture doivent être écartées ; on remplacera avantageusement ces matériaux par la brique nue.

Si cependant on ne pouvait trouver réunies toutes ces diverses conditions, alors surtout il serait indispensable de procéder souvent et régulièrement à l'assainissement du local. On écarte la moisissure des murs par un badigeonnage à la chaux, des vaisseaux vinaires, pompes, entonnoirs.... etc., par un lavage à l'eau chaude ou froide, contenant 50 grammes de chlorure de chaux par hectolitre. — L'excès d'humidité est victorieusement combattu par le draînage et par une active ventilation. — Il est quelquefois plus difficile d'éviter le voisinage des vinaigreries, tanneries, entrepôt de bières, fosses d'aisances, tas de fumier et autres dépôts de germes infectieux ; il faut pourtant s'en garder et même les éloigner, autant qu'on en a le pouvoir.

Du Matériel. — Parmi les objets qui composent le matériel de cave, les *tonneaux* viennent au premier rang. Les bois ou *merrains* à employer de préférence pour leur fabrication sont ceux du Nord ou d'Amérique. En général les vins nouveaux doivent être renfermés dans des tonneaux neufs auquels ils pourront emprunter le tanin du bois, et les vins vieux dans des tonneaux usagés.

On prépare les tonneaux neufs par 2 rinçages successifs à l'eau bouillante et à l'eau fraîche. Pour les tonneaux vieux, il faut en outre, après s'être assuré qu'il ne perdent pas et les avoir dans ce cas recerclés et tenus à l'eau jusqu'à complet gonflement des douelles, les laver avec 10 litres d'eau aiguisée d'acide sulfurique, y passer avec soin la *chaîne à rincer*, les rafraîchir et y faire brûler une mèche soufrée. Si la couche de tartre qui tapisse les parois était couverte de mousse, on devrait défoncer le tonneau, le brosser à la brosse rude avec une solution de 500 grammes de chaux pour 6 à 8 litres d'eau et le rincer avec un ou deux litres de vin.

Les tonneaux vides se conserveront parfaitement, si on a soin de les soufrer à la mèche après les avoir bien égouttés et de les tenir en lieu sec. Enfin, dans la cave, les fûts doivent, pour être préservés de l'humidité, reposer sur un *chantier* en bois, ou mieux en maçonnerie hydraulique d'une hauteur de 50 centimètres au moins.

Quant aux *bouteilles*, nous recommanderons simplement de les rincer avec le soin le plus minutieux, de choisir des bouchons sans tare et d'éviter l'emploi de bouteilles fabriquées avec de la soude brute ou cuites à la houille.

Les brocs ou baquets seront choisis en bois de préférence aux ustensiles en métal et tenus très propres ; à plus forte raison doit on veiller à la propreté des entonnoirs et siphons en métal.

Ouillage. — Cette opération, particulièrement importante quand il s'agit de vins subissant la seconde fermentation, consiste à tenir les foudres ou fûts toujours pleins, à mesure que le vin qu'ils renferment diminue de volume par évaporation et pour éviter l'oxydation du liquide. Comme nous l'avons déjà dit, l'ouillage doit être pratiqué régulièrement, tous les deux ou trois jours au début, puis plus rarement, et avec du vin de même nature que celui renfermé dans les tonneaux.

Soutirage. — Le soutirage est l'action de faire passer tout ou partie du vin d'un récipient dans un autre dans le but soit de chasser du vin nouveau l'acide carbonique et de permettre le contact momentané de l'air, soit de débarrasser le vin de la lie qui pourrait s'y mêler par suite d'une cause accidentelle ou naturelle : choc, secousse, action du printemps. Pratiqué au moyen du siphon, de la cannelle ou de la pompe à vin, on doit y procéder de préférence dans les mois de février et de mars, alors que ces lies rendues plus denses par le froid sont précipitées au fond du tonneau, et par un temps sec, serein et frais, avec vent du Nord. On arrête le soutirage aussitôt que le vin perd si peu que ce soit de sa limpidité.

Collage. — Il ne suffit pas de soutirer le vin pour lui assurer une limpidité parfaite, surtout si les matières colorantes et mucilagineuses qu'il contient ont été mises en mouvement par une cause d'agitation telle qu'un long transport. On le laisse alors reposer pendant quelques jours, puis on le colle.

Pour ce faire, on emploie des matières soit albumineuses, telles que blanc d'œuf, le lait ou le sang, soit gélatineuses, telles que la gélatine, la colle de poisson... etc.

Les colles et les albumines englobent comme dans un réseau les impuretés du vin et les entraînent au fond. On hâte l'opération par un fouettage plus ou moins violent suivant la capacité du récipient.

La présence du tanin dans le vin rend insolubles les matières albumineuses ou gélatineuses qu'on emploie pour le collage, mais il peut se faire que les vins collés ne contiennent pas assez de tanin pour insolubiliser toute la colle, et surtout la gélatine que l'on y a introduite. On dit dans ce cas que le vin est *surcollé ;* il se trouble et devient sujet à s'altérer très facilement.

Il faut donc, avant de coller un vin, doser la quantité de tanin qui entre dans sa composition chimique et tenir compte de ce fait que 800 grammes de tanin peuvent insolubiliser et précipiter 1 kilog de colle de poisson ou de gélatine.

Filtrage. — Pour obtenir une clarification rapide du vin, par exemple lorsqu'on veut le livrer à la consommation sans attendre sa clarification naturelle par le repos, on le filtre.

L'usage de la chausse ou manche ou du papier Joseph a été délaissé, car on obtient des résultats plus complets et on opère sur de plus grandes quantités au moyen des différents filtres livrés par l'industrie

Mise en bouteilles. — On met en bouteilles : 1° les vins de prix pour les mieux conserver ; 2° — les vins ordinaires, pour ne pas les laisser dans un fût en vidange, ce qui leur est toujours nuisible.

Il faut s'assurer avant de mettre un vin en bouteilles, qu'il est déjà fait et parfaitement limpide.

C'est entre septembre et mars, par un jour bien serein, qu'on doit procéder à cette opération. Les bouteilles seront cachetées ou goudronnées, afin que l'air ne puisse pas pénétrer par le bouchon, couchées horizontalement de manière à ce que le bouchon soit toujours humecté par le liquide et tenues dans un local où la température soit uniformément et constamment de 10 à 12 degrés.

CHAPITRE VI

Les Ennemis de la Vigne

La vigne est certainement de tous les végétaux cultivés celui qui a le plus d'ennemis.

Nous n'allons pas entreprendre de les décrire tous, nous ne citerons que ceux qui sont réellement nuisibles, malheureusement encore trop nombreux pour le viticulteur.

On peut les classer en deux catégories :

1° Les Parasites animaux ;

2° Les Parasites végétaux.

I. **Parasites animaux** (1).

D'après M. le professeur Valéry Mayet, auteur d'un savant travail sur « Les Insectes de la vigne » (2)

(1) Ce chapitre est dû à l'obligeance de notre ami M. Galien Mingaud, Correspondant du Ministère de l'Instruction publique, Officier d'Académie, qui a bien voulu le rédiger sur notre demande.

Mieux que tout autre, M. Galien Mingaud, ancien délégué de la Société centrale d'agriculture de l'Hérault en 1870 pour étudier le Phylloxera, était désigné par ses études antérieures à la collaboration de ce Manuel.

(2) Valéry Mayet. « Les Insectes de la Vigne ». Un gros volume de 500 pages, avec 5 planches dont 4 en chromo et 80 figures dans le texte. Paris, Masson ; Montpellier, Coulet, 1890. Prix : 10 francs.

Travail remarquable et d'une grande importance qui traite de tous les insectes ampélophages. Cet ouvrage a été couronné par la Société Entomologique de France qui, en 1890, a décerné à son auteur le prix Dollfus.

qui va nous servir de guide pour celui-ci, le nombre des insectes qui se nourrissent aux dépens de ce précieux arbuste est de 130 espèces environ, dont une centaine vivent sur lui en France. Mais sur cette centaine il y en a tout au plus une dizaine qui sont bien connues comme espèces des plus nuisibles par leur présence continuelle et leur grand nombre sur la vigne.

Quant aux autres, leurs dégâts sont peu importants relativement à ceux dont nous allons nous occuper ; toutefois il est quelques espèces sur lesquelles nous attirerons l'attention, parce que, peu nombreuses et peu répandues d'ordinaire, elles peuvent, à un moment donné, causer les plus grandes déprédations.

Nous serons aussi concis que possible, en tâchant d'être clair dans la description de l'insecte, de ses mœurs, de ses ravages et des procédés les plus communément employés pour sa destruction.

Donnons tout d'abord une définition générale des insectes qui sont, à l'état parfait, des animaux ayant six pattes et deux antennes. Leur cycle biologique, qui comprend des métamorphoses, peut se résumer ainsi :

Les insectes naissent tous d'un œuf. Cet œuf est déposé par la femelle sur la substance animale ou végétale qui doit fournir la nourriture de la jeune larve ou chenille. Cette larve met un temps plus ou moins long pour arriver à son complet développement en passant par diverses mues. C'est généralement à l'état de larve ou de chenille, pour les insectes qui vont nous occuper, qu'ils sont nuisibles. La larve se métamorphose en nymphe ou chrysalide, et c'est de cette nymphe que sort l'insecte parfait.

Chacun de ces trois états demande un laps de temps à peu près régulier. Les premiers actes de l'insecte parfait sont : la reproduction et la nutrition.

Nous allons commencer l'histoire des insectes les plus nuisibles à la vigne, par le Phylloxera.

Le PHYLLOXERA VASTATRIX Planchon, qui appartient à l'ordre des Hémiptères Homoptères, est un petit puceron de couleur jaunâtre de un millimètre et demi environ de longueur, sous sa forme aptère qui est la plus connue ; à l'état adulte il a des ailes et ressemble alors à un petit moucheron.

Sa présence se manifeste dans une vigne par le rabougrissement général des ceps, les feuilles jaunissent dans le courant de l'été et les raisins ne peuvent arriver à maturité. Si l'on examine les racines, on aperçoit des nodosités caractéristiques, d'une couleur jaune-clair, couvertes de Phylloxera qui, par leur succion perpétuelle, amènent le dépérissement des racines, puis leur pourriture. Il ne faut pas croire que le Phylloxera se trouve sur les ceps morts ou mourants, loin de là, il les abandonne pour aller rechercher sa nourriture sur des souches ayant de la vigueur ce qui fait qu'il s'étend peu à peu, d'où l'expression « faire tache d'huile ».

La découverte officielle du Phylloxera a eu lieu, en France, le 15 juillet 1868, dans les vignobles de St-Rémy (Bouches-du Rhône) par MM. le professeur J.-E. Planchon, G. Bazille et F. Sahut.

Antérieurement à cette date on avait constaté, dès 1863, en divers vignobles de notre pays, des ceps malades, mais on attribuait cette maladie au *Pourridié des racines* qui est occasionné, on le sait maintenant par divers champignons parasites des racines de la vigne, dont le plus dangereux et le plus répandu est le *Dematophora necatrix*.

M. J.-E. Planchon nomma l'insecte : *Phylloxera vastatrix*, le *dévastateur*, (jamais nom ne fut mieux appliqué), et en établit parfaitement l'origine américaine, qui n'est plus contestée aujourd'hui, car il est prouvé que c'est à des plants américains importés en France et en d'autres pays, que l'on doit la dissémination de cet insecte, qui était déjà connu en Amérique, mais n'occasionnait pas sur les vignes de ce continent les mêmes dommages que chez nous.

Les vignes américaines offrent dans leurs racines une plus grande force de résistance, parce que les lésions faites par le Phylloxera se cicatrisent très facilement ; tandis que les racines des cépages français, plus délicates et plus gorgées de sève, s'altèrent plus rapidement sous les piqûres de cet insecte, piqûres qui, ne se cicatrisant pas, déterminent la mort des racines attaquées.

A MM. J.-E. Planchon et Lichtenstein reviennent l'honneur des premières études sur les métamorphoses et les mœurs du Phylloxera, qui furent rendues populaires en 1870, dans le Midi, par la distribution gratuite, aux frais d'une souscription publique contre le Phylloxera, ouverte par la Société centrale d'agriculture de l'Hérault de la brochure : *Le Phylloxera, instructions pratiques adressées aux viticulteurs sur la manière d'observer la maladie du Phylloxera et le Phylloxera lui-même*, par MM. J. E. Planchon et J. Lichtenstein.

C'est également sur les fonds recueillis par cette souscription que la Société centrale d'agriculture de l'Hérault, en cela généreusement secondée par la Compagnie P. L. M., nomma quatre délégués MM. F. Grasset, docteur Henri Sicard, Galien Mingaud (1) et A. Donnadieu, qui furent chargés d'aller dans les départements de l'Hérault, du Gard, de Vaucluse et des Bouches-du-Rhône, reconnaître les points envahis par la nouvelle maladie de la vigne, d'en dresser une carte, d'instruire les viticulteurs et les instituteurs sur l'histoire naturelle du Phylloxera, pour savoir le distinguer des autres insectes parasites de la vigne, et d'instituer les traitements, qui alors paraissaient être des plus efficaces au dire de leurs inventeurs.

Malheureusement 23 années se sont écoulées et malgré les innombrables remèdes qui ont surgi de toutes parts et qui ont été en partie essayés au champ d'expériences du mas de Las Sorres, près Montpellier, et dont MM. les professeurs Durand et Jeannenot ont dressé le curieux catalogue, aucun de ces remèdes n'a paru suffisant pour devoir être recommandé, à tel point que l'Acamie des sciences de l'Institut de France fonda un prix de 300.000 francs, pour être décerné à l'inventeur d'un remède, simple, pratique et peu coûteux pour anéantir le phylloxera.

Toutefois nous devons une mention toute spéciale au

(1) Nous nous permettons de mentionner que c'est sous le bienveillant patronage de nos regrettés maîtres MM. J. E. Planchon et J. Lichtenstein et de M. G. Bazille que nous eûmes l'honneur d'être délégué de la Société centrale d'agriculture de l'Hérault pour l'étude du Phylloxera. Nous n'avions pas encore seize ans quand cette mission nous fut confiée : elle dura 4 mois du 8 juillet au 8 novembre 1870.

traitement institué par M. Balbiani pour détruire l'œuf d'hiver et dont voici la formule :

Huile lourde de houille	20 kil.
Naphtaline brute	60 —
Chaux vive	120 —
Eau	400 —

Pour opérer le mélange, on prend un récipient d'environ 500 litres, une futaille défoncée par exemple. Dans un récipient plus petit on dissout la naphtaline (la plus sèche possible) dans l'huile lourde, en prenant une spatule de bois. Après avoir fait fuser un peu la chaux (la plus grasse possible) dans la futaille. on verse sur cette chaux fumante, en la remuant, le mélange d'huile lourde et de naphtaline, et, ceci fait, on ajoute de l'eau en remuant toujours. On peut n'employer immédiatement que la moitié de l'eau, soit 200 litres. Au moment de l'emploi, on ajoute 100 litres et les autres 100 litres pourront être ajoutés lorque le mélange sera devenu trop épais. Le transport au milieu des vignes se fait au moyen de comportes et l'application sur la souche (préalablement décortiquée) au moyen d'un pinceau rond en poils de porc. On badigeonne tout le bois, y compris les surfaces de tailles, dont les bords, on le sait, recèlent souvent l'œuf d'hiver sous leur écorce.

Ce n'est que dans les pays peu attaqués que les badigeonnages du mélange Balbiani pourront être appliqués ; encore conseille-t-on toujours de les accompagner d'un traitement souterrain au sulfure de carbone. Partout où il y a des cépages américains résistants, il n'y a pas lieu de faire l'application du mélange Balbiani.

Depuis,d'importants travaux ont été publiés sur le Phylloxera; il suffit de rappeler ceux de MM. Balbiani et Max. Cornu qui en ont fait connaître le cycle biologique. D'autres savants ont apporté leurs observations qui, réunies, donnent actuellement un ensemble bien complet de l'histoire naturelle du Phylloxera. Ajoutons aussi que la création d'une Ecole nationale d'agriculture à Montpellier a puissamment contribué à ce résultat par les travaux de plusieurs de ses professeurs, notamment ceux de M. Valéry Mayet qui y a découvert l'œuf d'hiver

.Voici, résumé par M. Valéry Mayet, le cycle évolutif du Phylloxera.

« Le Phylloxera apparaît normalement sous quatre for-
« mes différentes, se succédant l'une à l'autre, toujours
« dans le même ordre, ayant un nombre plus ou moins
« grand de générations et pondant des œufs en quantité
« toujours décroissante.

« Ces quatre formes sont :

« Le *Gallicole* ou forme *multiplicatrice* ;

« Le *Radicicole* ou forme *dévastatrice* ;

« L'*Ailé* ou forme *colonisatrice* ;

« Le *Sexué* ou forme *régénératrice* ;

« La ponte du *Gallicole*, dans les premières générations
« du moins, est de cinq à six cents œufs : c'est le grand
« multiplicateur de la race ; le *Radicicole* pond de un à
« cent œufs, mais c'est la forme *dévastatrice* par excel-
« lence, la seule qui tue la vigne ; l'*Ailé* qui ne pond que
« quelques œufs, de six à huit, s'en va au loin fonder
« des colonies ; quant au *Sexué*, la race entière est ré-
« générée dans son *œuf unique* fécondé par l'accouple-
« ment ».

« Les trois premières formes ne renferment que des
« *femelles agames*, c'est-à dire se reproduisant sans ac-
« couplement et par parthénogénèse (1) ; la forme sexuée
« comprend des mâles et des femelles. L'œuf unique
« qu'elle a produit a été appelé *œuf d'hiver* par celui qui
« l'a découvert, M. Balbiani. Il constitue le point de
« départ et le point d'arrivée du cycle évolutif du *Phyl-
« loxera*. »

Par ce qui vient d'être dit, il est facile de comprendre la marche envahissante du Phylloxera qui s'étend tous les jours. De l'Est à l'Ouest, du Midi au Nord presque tous les vignobles de la France sont attaqués ou le seront un jour. Mais comme on plante beaucoup de cépages américains pour y greffer les variétés de raisins français, appropriés aux sols et aux climats, il y a lieu d'espérer qu'il y aura bientôt autant de beaux et riches vignobles qu'autrefois. La Champagne et la Bourgogne qui, jusqu'ici, étaient restées indemnes au Phylloxera viennent de se voir attaquées en quelques localités.

(1) Génération anormale spéciale aux femelles de pucerons et à celles de quelques autres insectes, qui peuvent pondre des œufs fertiles sans avoir été fécondées.

Des statistiques dressées par le Ministère de l'Agriculture, il résulte que la France a perdu par l'invasion phylloxérique plus de 10 milliards de francs.

Il n'y a pas encore de moyen pratique, à la portée de tous les viticulteurs, pour anéantir le Phylloxera. On a essayé avec beaucoup de succès la submersion, la plantation dans les sables, les injections au sulfure de carbone et d'autres agents chimiques qui servent en même temps d'insecticide et d'engrais, mais tous ces moyens ne sont employés que par de riches propriétaires. Nous ne pouvons ici entrer dans le détail des appareils et des formules. Fort heureusement on a pu se rabattre sur les cépages américains qui opposent une résistance vraiment étonnante aux piqûres du Phylloxera. Un choix heureux, qu'une expérience de plusieurs années a pu contrôler, a permis aux viticulteurs de replanter leurs vignes, en appropriant au sol les porte-greffes américains, sur lesquelles on a greffé nos variétés de raisins qui font à nos vins une réputation universelle et justement méritée.

Nous ne pouvons mieux terminer ce qui concerne le Phylloxera qu'en citant les sages conseils suivants donnés par M. Valéry Mayet :

« Mettant de côté la submersion et la culture dans » les sables, qui, détruisant la cause, coupent court à » l'effet, nous résumerons comme suit la marche à suivre en cas d'invasion dans les terres qui ne sont ni » sablonneuses, ni submersibles, c'est-à-dire dans le » plus grand nombre de cas :

« 1° Si des points d'attaque sont peu nombreux dans « le pays, détruire de suite ces points d'attaque par les « traitements d'extinction au sulfure de carbone ; « 2° Une fois le pays notoirement atteint mais les vignes « encore productives, cesser les traitements d'extinction « qui tuent la vigne et appliquer les traitements souterrains au sulfure de carbone, auxquels, en cas d'isolement suffisant du vignoble, on pourra ajouter les « badigeonnages Balbiani ; 3° Les vignes ne donnant « plus une récolte suffisante pour couvrir les frais des traitements, arracher et remplacer de suite par des plants « américains appropriés au terrain. En procédant de la « sorte, bon nombre de propriétaires dans l'Hérault, et

« surtout dans l'Aude, ont pu maintenir leur rendement « au chiffre d'hectolitres produits avant l'invasion du « Phylloxera. »

Depuis peu, un nouveau traitement des vignes phylloxérées, par les mousses de tourbes imprégnées d'huiles de schiste, a été institué par M. de Mély. Quoique les résultats aient paru très satisfaisants, il y a lieu d'attendre encore car de nouveaux essais vont être tentés dans divers vignobles de France, et l'on pourra ensuite en proclamer la valeur.

LA GRISETTE DE LA VIGNE ou Margotte (*Lopus sulcatus* Fieber) est une élégante punaise (*Hémiptère Hétéroptère*) de près d'un centimètre de longueur, de couleur grise et jaune.

Ce nouveau parasite de la vigne, dont les métamorphoses et les mœurs ont été étudiées par plusieurs entomologistes, et plus particulièrement par M. le docteur Patrigeon en 1881-85, est très commun dans le département de l'Yonne et le Centre où il a occasionné de réels ravages. Jusqu'à présent il ne parait pas avoir agrandi son aire de dissémination.

On trouve la grisette, soit à l'état de nymphe ou d'insecte parfait, sur les vignes à partir de mai-juin ; elle s'attaque de préférence au pédoncule qui porte la grappe et aux jeunes grains qu'elle perfore de son bec. Tous les raisins piqués par elle sont perdus.

Plusieurs moyens de destruction ont été conseillés : le liquide insecticide Balbiani contre l'œuf d'hiver du Phylloxera se trouve naturellement indiqué, il agira donc doublement en anéantissant œufs et larves de la grisette, qui existent sur les ceps, en même temps qu'il détruira l'œuf d'hiver du Phylloxera.

Pour les *Lopus sulcatus* à l'état d'insectes parfaits l'entonnoir à altises est l'instrument le plus convenable pour les capturer.

LA PYRALE DE LA VIGNE (*Tortrix Pilleriana* Schiffermuler), appelée aussi par les vignerons : ver de la vigne, ver à tête noire, ver de l'été, conque, bobote, est, à l'état parfait, un élégant petit papillon (Microlépidoptère) aux ailes supérieures d'un jaune roussâtre à reflets métalliques dorés, traversées par trois bandes brunes ; les ailes inférieures sont grisâtres.

Au commencement de ce siècle, à plusieurs reprises, quelques-unes de nos meilleures contrées vinicoles furent complètement dévastées par cet ampélophage. Aussi le gouvernement français, justement ému des plaintes des viticulteurs, chargea, en 1837, un membre de l'Institut, Audouin, professeur au Muséum d'histoire naturelle, d'aller étudier sur place l'étendue du mal et d'y remédier, si possible, par la découverte d'un moyen pratique de destruction. Cet illustre savant consacra plusieurs année pour étudier les mœurs et les métamorphoses de la Pyrale, et consigna ses travaux dans un ouvrage classique : *Histoire des insectes nuisibles à la vigne et en particulier de la Pyrale de la vigne. Paris 1842*. C'est dans cet ouvrage qu'on a puisé et qu'on puisera encore lorsqu'on voudra écrire sur la Pyrale. Nous allons à notre tour y faire de nombreux emprunts ainsi qu'à d'autres travaux publiés ultérieurement. Disons de suite qu'avant Audouin d'autres savants s'étaient occupés de décrire la pyrale et ses ravages, mais non d'une façon aussi magistrale

Les papillons de la pyrale apparaissent au mois de juillet ; ils se recherchent pour s'accoupler. Cet insecte n'a qu'une génération par an. Les femelles déposent leurs œufs à la face supérieure des feuilles de vigne, ils sont pondus en une seule masse, en forme de plaque verdâtre, qui renferme environ une soixantaine d'œufs, plutôt plus que moins. Au bout d'une quinzaine de jours l'éclosion a lieu et les petites chenilles s'empressent de chercher un abri, qui est généralement sous les écorces des ceps, jusqu'au printemps suivant ; elles s'y blottissent et s'y filent de petits cocons de soie blanchâtre. Elles restent dans cet état tout l'automne et tout l'hiver sans prendre aucune nourriture ; aux mois d'avril-mai, la chaleur vivifiante du soleil les ranime, elles sortent de leurs cocons et montent vers les jeunes pousses de la vigne. Ces chenilles ayant jeûné près de dix mois, sont d'une voracité extraordinaire.

Un peu plus d'un mois après, ayant atteint leur complet développement, après avoir passé par une série de mues, elles sont d'une belle couleur verte. Réunies en société, elles entourent de fils de soie les feuilles et les jeunes grappes qui, ainsi englobées, ne peuvent arriver à maturité et se dessèchent.

Ces enchevêtrements de grappes, de feuilles et de vrilles offrent un aspect de désolation qui est particulier aux vignobles envahis par la pyrale. Vers la fin du mois de juin, ces chenilles vont chercher un abri dans les feuilles desséchées pour s'y métamorphoser en chrysalides ; quinze jours après, environ, apparaissent les papillons qui se recherchent pour s'accoupler.

Les femelles fécondées vont ensuite déposer leurs œufs sur les feuilles de vigne et le cycle de cet insecte, que nous venons d'abréger, recommence à nouveau. Il en est ainsi généralement pour tous les insectes à métamorphoses complètes.

Comme nous l'avons dit, la pyrale de la vigne est anciennement connue et les moyens pour la détruire n'ont pas manqué. On a tour à tour essayé l'échenillage ou la récolte des chenilles et des chrysalides sur les feuilles. On a préconisé aussi l'écorçage qui s'obtient en frottant avec force les ceps, au moyen d'outils ou de gants en fer; cette opération était suivie d'un badigeonnage avec un liquide insecticide. Tous ces moyens ne sont plus employés actuellement: on a recours pour détruire la pyrale à l'échaudage ou ébouillantage et à la sulfurisation. Ce n'est que vers le milieu de ce siècle qu'un propriétaire de Romanèche; nommé Raclet, s'est décidé à faire connaître le procédé de l'échaudage des ceps, qu'il avait appliqué avec succès dès 1828 et qu'il avait tenu secret jusqu'alors. On a depuis, bien perfectionné ce procédé, et des appareils spéciaux ont été construits pour opérer rapidement et économiquement.

L'appareil, quel qu'il soit, consiste en une chaudière portative qui doit amener l'eau à l'ébullition ; cette eau est ensuite mise dans une cafetière en fer blanc, d'environ un litre, munie d'un bec effilé, et enveloppée au besoin de lisières de drap pour la conservation de la chaleur.

« L'ouvrier verse promptement l'eau bouillante sur le « tronc et successivement sur chaque bras de la souche, « en opérant de bas en haut et en évitant de mouiller les « yeux des coursons. Sur un cep de dimension moyenne, « le contenu entier de la cafetière doit être employé. « Il doit être dépassé si la souche est forte. L'eau doit « être bouillante, tout au moins à 80 degrés quand elle

« arrive à sa destination, afin qu'elle puisse dissoudre « rapidement la gomme des coques soyeuses logées dans « les écorces fissurées des ceps et tuer les petites *chenil-« les*. On opère par un temps beau et doux, de janvier « à mars de préférence, et toujours après la taille. De « peur que l'eau n'arrive pas assez chaude sur l'insecte, « il faut éviter d'opérer pendant les temps de gelée et de « pluie. En Bourgogne, deux ouvriers suffisent pour « faire fonctionner l'appareil. L'un, le chauffeur, alimente « d'eau la chaudière et entretient le feu ; l'autre l'arro-« seur, verse l'eau bouillante sur le cep. Deux ouvriers « habitués à ce travail peuvent traiter par jour de 1,500 « à 2,000 ceps. L'échaudage bien exécuté ne nuit jamais « à la vigne et la débarrasse de toutes ses chenilles de pyrale. « Les échalas sont ébouillantés comme les ceps. Certains « propriétaires ont modifié le système de distribution « d'eau bouillante d'une manière très avantageuse, ils « suppriment les cafetières et ébouillantent directement « la souche au moyen de tuyaux en caoutchouc placés à « chacun des robinets de la chaudière (Valéry Mayet « d'après M. Jaussan ; *De la Pyrale et des moyens de la « combattre*. — Béziers. 1882).

L'autre procédé, la sulfurisation appelée aussi clochage, consiste à mettre la souche dans un milieu irrespirable pendant dix minutes environ, pas plus, autrement à part les chenilles de la pyrale on asphyxierait aussi la vigne.

On se sert pour cela de soufre en canon à raison de 25 grammes par cep, que l'on fait brûler sous la cloche faite d'une barrique sciée en deux, dans laquelle on l'a emprisonné ; on a soin de ramener la terre autour de la cloche pour ne pas laisser perdre l'acide sulfureux.

Les meilleures conditions pour opérer sont un temps calme et beau.

Ce procédé, qui donne d'excellents résultats, ne peut être employé que dans les vignes plantées assez espacées, à cause du large nécessaire pour faire évoluer les nombreuses cloches, 20 au moins, que peut surveiller un ouvrier.

Dans les vignes plantées serrées, l'échaudage doit être préféré.

LA COCHYLIS DE LA VIGNE (*Tortrix* (*Cochylis*) *ambiguella* Hubner) appelée vulgairement ver rouge, ver coquin, ver de la vendange, teigne des grains ou de la grappe, est un petit papillon, de moitié plus petit encore que la pyrale, dont les ailes postérieures, jaune-pâle, sont traversées par une bande brune; les ailes postérieures sont grises.

La cochylis, qui a deux générations par an, tandis que la pyrale n'en a qu'une, apparait sous la forme de papillon : à la première génération en avril-mai ; à la seconde en juillet, août.

Les papillons de la première génération proviennent de larves chrysalidées en décembre. Ces papillons s'accouplent de suite et les femelles pondent leurs œufs sur les jeunes pousses de la vigne. Vers fin mai, les petites chenilles éclosent et gagnent la grappe, elles entament de leurs mandibules les grains qui ne sont encore que des boutons à fleurs, pénètrent dans leur intérieur et se mettent à ronger les étamines et les ovaires. Elles passent ainsi d'un grain à l'autre et détruisent successivement tous les organes de la fructification. Ces chenilles ont soin, pour se tenir à l'abri, de réunir tous les grains par un réseau de fils de soie. Les grains se fanent alors et la grappe est perdue.

D'après M. Vallot, la grappe est parfois tuée d'un coup par la chenille qui pénètre dans le pédoncule même. Le même observateur ajoute que, lorsque la vigne pousse rapidement, elle fournit plus que la larve ne peut manger, tandis qu'au contraire si la végétation marche lentement, la larve alors mange plus que la vigne ne peut pousser, et dans ce cas la perte est considérable.

Les chenilles, adultes au bout de cinq semaines environ, fin juin commencement juillet, se retirent au milieu des grappes qu'elles enveloppent d'un tissu de soie très serré, ou bien, elles se retirent encore dans les fissures des échalas et sous les écorces pour se filer un cocon blanc et s'y transformer en chrysalides. Elles restent dans cet état à peu près quinze jours et fin juillet on aperçoit de nouveaux papillons.

Ces papillons sont ceux de la deuxième génération; ils s'accouplent, les femelles pondent ensuite leurs œufs sur les raisins ; au bout de dix jours éclosent les petites chenilles qui, de suite, entament de leurs mandibules l'épiderme du grain, elles dévorent la pulpe, et comme elles grossissent rapidement, leurs ravages deviennent bientôt très appréciables à cause des nombreux grains attaqués qui se dessèchent. Ces chenilles vivent ainsi près d'un mois en attaquant tous les grains d'une grappe qu'elles ne quittent que lorsqu'elles se sentent en état de se chrysalider. Elles cherchent alors un abri convenable sur les ceps pour s'y transformer et y passer l'hiver. Elles donnent l'année d'après les papillons de la première génération.

Le procédé le plus employé pour détruire la Cochylis, est l'écorçage en hiver, que l'on pratique avec le gant à cotte de mailles de M. Sabaté, de Bordeaux. Il faut avoir soin d'entourer la souche d'un linge reposant sur le sol, pendant que, recouverte du gant de fer, la main fait tomber les écorces. Celles-ci sont soigneusement recueillies et brûlées. M. Valéry Mayet a pu suivre cette opération en février, chez un propriétaire de Béziers, M. J. Coste, et il a remarqué que la quantité de chrysalides recueillies mélangées aux écorces était considérable. Un moyen radical consiste à vendanger avant que la chenille soit adulte. Mais si le moyen est bon pour détruire le plus grand nombre des Cochylis, il n'est pas toujours possible de vendanger hâtivement, et si l'on y gagne en quantité de vin, c'est, bien entendu, au détriment de la qualité.

Le remède infaillible contre la Cochylis est donc à trouver. On peut toutefois essayer l'échaudage comme pour la pyrale, mais en portant l'eau sur les ceps à une température plus élevée, 96 degrés environ ; il faut faire l'opération en novembre ou en décembre, avant que les chenilles se soient tranformées en chrysalides.

Nous donnons également la formule d'un nouveau remède, d'une application facile et d'une efficacité suffisante, inventé par M. Dufour, de Lausanne.

C'est une solution de pyrèthre qui se prépare de la façon suivante : on fait dissoudre dans 10 litres d'eau chaude 3 kilogs de savon noir mou, puis on ajoute 1 kilog 500 grammes de poudre de pyrèthre ; on remue le tout à l'aide d'un petit balai et on complète 100 litres d'eau avec de l'eau froide.

Cette solution peut s'employer avec le pulvérisateur ordinaire. On lui adjoint pour la circonstance une lance à interrupteur qui permet de n'employer l'insecticide qu'au moment utile, c'est-à dire sur les grappes.

L'application du remède d it se faire avec soin et de bonne heure; il ne faut évidemment pas attendre que l'insecte ait accompli ses ravages. Il convient d opérer dès qu'on s'aperçoit de la présence des premières cochylis. Bien que ce moment coïncide souvent avec le début de la floraison, il ne faut pas craindre de traiter.

La quantité de liquide à employer varie avec l'abondance des parasites et des grappes; il faut compter en moyenne sur 200 litres par hectare. Les matières premières, nécessaires pour le traitement d'un hectare, reviennent à 15 francs environ.

Par ce qui vient d'être dit de l'histoire de la pyrale et de la Cochylis on peut en conclure que les dommages occasionnés par ces deux petits papillons sont aussi importants que ceux déterminés par le Phylloxera.

Ce n'est pas dans l'ordre des Coléoptères que se trouvent les plus redoutables ennemis de la vigne ; mais c'est de beaucoup celui qui en renferme le plus grand nombre.

« Les Chrysomélides ou Phytophages sont surtout nui-
« sibles aux feuilles, les Longicornes au bois et aux ra-
« cines, les Charançons aux bourgeons. Les Téné-
« brionides, d'habitude mangeurs de détritus, ne nous
« offrent qu'une espèce qui s'attaque aux bourgeons
« souterrains des greffons, les Térédiles comme les Lon-
« gicornes jouent le rôle de mangeurs de bois ainsi que
« la seule espèce de Buprestide réellement ampélophage;
« les Lamellicornes, enfin, sont, les uns brouteurs de
« feuilles, les autres mangeurs de racines, souvent les
« deux à la fois si on les observe sous leurs différents
« états. » « (Valéry Mayet). »

Nous allons prendre parmi les familles d'insectes que nous venons d'énumérer les coléoptères qui sont les plus à redouter du vigneron.

L'ALTISE DE LA VIGNE (*Altica ampelophaga* Guérin), connue vulgairement sous le nom de puce de la vigne à cause des sauts qu'elle fait lorsqu'on veut la saisir, est un petit insecte allongé vert ou bleu métallique, de trois à cinq millimètres de longueur.

Cette chrysomélide, qui a de trois à quatre générations par an, apparaît pour la première fois au mois d'avril.

Cette apparition coïncide avec la pousse de la vigne qui doit fournir aux altises leur nourriture. Ce sont les altises qui ont passé l'hiver à l'état adulte cachées sous des écorces d'arbres, dans les trous des murailles et autres abris qu'elles savent se choisir. Pressées par la faim elles dévorent les feuilles naissantes qu'elles percent de milliers de petits trous et s'attaquent même aux jeunes sarments.

Les altises se recherchent pour s'accoupler, ensuite s'opère la ponte. Les femelles pondent leurs œufs sur le revers des feuilles de vigne au nombre d'une trentaine. Une semaine après environ, les petites larves se répandent sur la face inférieure des feuilles qu'elles rongent, sans aller atteindre la cuticule supérieure. Au bout de quelques jours la feuille est complètement rongée et elles passent à une autre. Elles vivent ainsi une quinzaine de jours, puis elles descendent le long du bras et du tronc pour s'enfoncer dans le sol à 10 centimètres seulement environ. Elles s'y métamorphosent en nymphes et au bout de huit jours sortent de terre à l'état d'insectes parfaits. Nous avons dit plus haut que l'altise avait plusieurs générations par an ; après le Phylloxera qui, dans l'année, en a cinq à six et de plus est doué de la parthénogénèse, l'altise est donc l'insecte ampélophage qui se multiplie le plus.

Cet insecte qui se trouve presque toute l'année sur les vignes est sujet à des migrations, quoiqu'on n'en ait pas encore observé en France.

En été les feuilles de la vigne étant devenues dures, un grand nombre de jeunes larves meurent sans pouvoir manger, puis les vents violents contribuent à en réduire le nombre en les précipitant sur le sol et en les blessant, le soleil se charge alors de les achever.

Dans le midi de la France, on lutte contre l'altise avec un entonnoir de fer blanc profondément échancré pour faire entrer le tronc du cep et au-dessus duquel on secoue la vigne avec un bâton. Cet instrument est appelé en Languedoc : entonnoir à altises, parce qu'il a été inventé surtout contre cet insecte; mais nous l'avons déjà recommandé contre plusieurs parasites. Un homme peut secouer par heure de 150 à 200 souches.

Pour peu que l'opération soit faite à l'heure voulue, c'est-à-dire le matin, l'altise se laisse prendre. L'insecte ne s'envole, ni ne se laisse choir ; il saute, et sa force musculaire étant en raison directe de la chaleur du jour, il ne peut sauter, le matin en dehors de l'entonnoir. Un ouvrier exercé peut donc au printemps, en opérant le matin avant huit heures, rentrer à la ferme avec un sac rempli d'altises. Les insectes ébouillantés sont donnés aux volailles.

Le GRIBOURI (*Adoxus vitis* Fourcroy), nommé aussi écrivain ou eumolpe, est depuis des siècles réputé très dangereux pour la vigne. C'est un petit insecte court, ayant la tête à demi cachée dans le thorax et qui a les couleurs du hanneton commun, c'est-à-dire la tête et le thorax noirs et les élytres rousses. Il a un demi centimètre de longueur. Il attaque la vigne à l'exclusion de toutes les autres plantes.

Le Gribouri se trouve à l'état d'insecte parfait du mois de mai au mois de juillet ; il se nourrit de feuilles et des raisins qu'il entaille d'une façon particulière; la plaie qu'il produit ressemblant à certaines lettres majuscules de l'alphabet latin. Mais ce sont surtout ses larves qui sont les plus nuisibles, parce qu'elles rongent les jeunes racines de la souche.

Le Gribouri pond ses œufs au nombre d'une trentaine environ sous les écorces, non loin du collet de la souche. Les œufs éclosent au bout d'une dizaine de jours et les petites larves s enfoncent dans le sol pour se fixer contre une jeune racine qu'elles rongent en formant des sillons qui tuent la souche. Lorsqu'elles se sont suffisamment nourries aux dépens des racines, elles les quittent aux premiers froids pour se faire en terre une loge ovale dans laquelle elles se métamorphosent en nymphes. Elles passent ainsi l'hiver et l'insecte parfait en sort fin mai ou au commencement de juin, pour recommencer le cycle évolutif.

Chose remarquable, dit un des observateurs de cet insecte, M. Ed. André, le sexe mâle de l'eumolpe n'a pas encore été découvert. Il y a là une particularité des plus curieuses et qui appelle de nouvelles observations.

Malgré les ravages parfois très grands du Gribouri, on n'a pas encore trouvé contre lui de remède absolument efficace. En Bourgogne, suivant M. André, on se sert d'un récipient en toile, en bois, en fer blanc ou en vannerie que l'on place sous la souche et au-dessus duquel celle ci est frappée au moyen d'un bâton. « Etant données les habitudes de l'insecte, qui, au moindre bruit, au moindre mouvement de la souche, replie pattes et antennes et se laisse rouler sur le sol, nous préférons de beaucoup, dit M. Valéry Mayet, l'entonnoir évasé en fer blanc, échancré comme un plat à barbe et terminé par un sac, dont on se sert dans tout le midi de la France contre plusieurs espèces d'insectes et que nous avons appelé l'entonnoir à altises. Cet instrument a environ de 50 à 60 centimètres de diamètre; plus il est large, meilleur il est. En procédant au milieu du jour, les Gribouris qui échappent sont nombreux, mais en opérant le matin, avant que le soleil ait réchauffé les insectes, on arrive à faire de ceux-ci des récoltes très-considérables ».

M. Valéry Mayet dit avoir vu souvent dans les vallées de l'Hérault notamment dans les communes de Florensac Montagnac et Pézénas des vignerons rentrer à la ville vers huit heures du matin avec des sacs qui renfermaient bien chacun plusieurs centaines de grammes de Gribouri Les sacs étaient, en arrivant, plongés cinq minutes dans l'eau bouillante et les insectes donnés aux volailles. Celles-ci mangent bien l'insecte ébouillanté; mais elles le préfèrent vivant et on a utilisé souvent leur concours pour le détruire dans les vignes. Les poules, les canards, surtout les dindons et les pintades, mangent énormément d'insectes et, en dehors de l'époque de la maturité du raisin, ne nuisent pas à la s uche.

Le sulfure de carbone par le pal injecteur peut aussi être employé pour détruire les larves du Gribouri.

Le VESPÈRE DE XATART (*Vesperus Xatarti* Mulsant) est un longicorne d'environ 2 centimètres et demi de longueur, de couleur brun-clair. L'insecte parfait apparaît en décembre-janvier. L'accouplement a lieu et la femelle pond de 200 à 500 œufs qu'elle dépose sous les exfoliations des souches, dans les fentes des pierres, etc. Les jeunes larves éclosent en avril et se nourrissent pendant trois ans des racines de vigne avant d'arriver à l'état d'insecte parfait C'est pendant ce laps de temps qu'elles commettent leurs ravages, qui sont considérables dans quelques localités des Pyrénées-Orientales.

Les Longicornes vivent d'ordinaire dans le bois. MM.

Valéry Mayet et Lichtenstein ont fait connaître les mœurs étranges, c'est-à-dire souterraines de celui-ci. C'est à M. Oliver, de Collioure, qu'est dû le moyen pratique de le détruire par le sulfure de carbone appliqué aux racines de la vigne.

Le RHYNCHITE ou ATTELABE, (*Phynchites Betuleti* Fabricius), qui porte plusieurs noms selon les localités, mais qui est généralement plus connu sous le nom de : *le Cigareur*, est un joli curculionide de 5 à 7 millimètres de longueur, de couleur bleu ou verte avec un reflet doré métallique. C'est un des insectes les plus connus du vigneron, des plus faciles à voir sur les vignes, dont il roule les feuilles en forme de cigare. Il vit aussi sur le bouleau et sur beaucoup d'arbres fruitiers, mais à ceux-là il préfère la vigne, dont la feuille si tendre et si facile à rouler procure à sa progéniture un garde-manger des plus commodes.

Les Rhynchites, qui ont passé l'automne et l'hiver cachés, soit dans les feuilles sèches, sous des écorces, soit enterrés entre le tronc et le sol, apparaissent dans les vignes dans le courant du mois de mai et commencent pour se nourrir à manger les jeunes pousses. Après l'accouplement, les femelles se mettent en mesure d'attaquer les feuilles de la vigne pour y cacher leurs œufs et c'est alors que les ravages sérieux ont lieu. Pour rouler les feuilles en forme de cigare elles font sur leurs pétioles, une incision qui force les feuilles à se faner à demi et ensuite par un artifice particulier elles arrivent à les rouler en ayant soin de déposer dans chaque tour un ou deux œufs, quelquefois plus.

Les jeunes larves éclosent vers le milieu de juin, elles se nourrissent de la feuille qui s'est conservée encore verte. Un mois après, adultes, elles sortent de la feuille par une ouverture qu'elles y pratiquent et s'enfoncent assez profondément dans le sol pour s'y métamorphoser en nymphes. Elles restent dans cet état de trois à quatre semaines et fin août les insectes parfaits éclosent. Si le temps est beau on peut en voir sur les vignes, mais ils recherchent plutôt un abri pour passer l'hiver.

Les Rynchites se trouvent de préférence dans les vignes bien travaillées, à sol meuble. Les dégâts qu'ils occasionnent en roulant les feuilles de vignes sont énormes. Les raisins privés de leur ombrage et exposés au soleil tombent où se sèchent et comme la feuille est l'organe le plus important,par les diverses fonctions physiologiques qu'elle remplit,si la vign · en est privée,le cep dépérit.

On n'a pas encore trouvé de procédé pour se débarrasser des Rhynchites Le meilleur de tous est encore de les ramasser à la main et de couper avant fin juin les feuilles roulées en cigare. On peut en ramasser beaucoup le matin en employant l'entonnoir à altises. On brûle les feuilles roulées en cigare et on ébouillante les Rhynchites.

Les CHARANÇONS COUPE-BOURGEONS, qu'on appelle aussi *Lisettes*, sont des destructeurs de jeunes pousses de la vigne dont ils se nourrissent et par ce fait ils exercent de grands ravages dans les vignobles en mai et juin.

Tous ces coléoptères sont de petite taille, d'un demi à un centimètre, de couleurs ternes, grises ou noires, reconnaissables à leurs becs allongés.

Ils prennent leur nourriture pendant la nuit et se cachent pendant le jour. Leurs larves qui sont encore peu connues vivent dans la terre aux dépens de racines de plantes sauvages ou cultivées.

Ces insectes portent les noms de : *Geonemus flabellipes*, *Cneorhinus geminatus*, *Peritelus subdepressus*, *P. griseus*, *P senex*, *Otiorhynchus ligustici*, *O. sulcatus*, *O. singularis*., etc. Les moyens de destruction pratique contre les coupe-bourgeons manquent encore. On a conseillé le ramassage à la main, la nuit, avec une lanterne. Le procédé qui donnerait encore de meilleurs résultats serait des injections de sulfure de carbone faites avec un pal qui détruirait les larves souterraines.

Le HANNETON VERT DE LA VIGNE (*Anomala vitis* Fabricius) est un bel insecte d'un beau vert métallique qui a près de 2 centimètres de longueur. Il est tellement vorace que, lorsqu'il apparaît fin juin, commencement juillet, il se jette avec avidité sur les pampres de la vigne, broutant les feuilles et les sarments verts, occasionnant ainsi des dégâts très sérieux.

La larve de cet insecte, qui n'était pas encore connue, a été très bien étudiée par M. Valéry Mayet qui dans son bel ouvrage en donne la description, d'après des larves qu'il a élevées et dont il a pu suivre les métamorphoses.

Cette larve vit dans les terrains sablonneux, humides à 15 à 20 centimètres de profondeur, au pied des plantes qui y croissent, mangeant de préférence les racines de graminées, mais s'accommodant parfaitement de celles de la vigne. Elle est surtout des plus nuisibles aux jeunes plantiers. Il en est de la multiplication de l'*Anomala vitis*, comme de beaucoup d'autres insectes qui ne sont devenus ampélophages que parce qu'ils ne trouvent plus leurs plantes de prédilection, détruites par la culture de la vigne, dans les localités qu'ils affectionnent particulièrement.

Le ramassage constitue le seul mode de destruction du hanneton vert. On ne peut songer à détruire la larve par le sulfure de carbone, qui serait bien l'insecticide à employer, mais la nature sablonneuse du sol s'y oppose.

LE HANNETON COMMUN (*Melolontha vulgaris* Fabricius) est tellement connu qu'une nouvelle description de ce coléoptère nous semble superflue. Il en est de même de sa larve plus connue sous le nom de *ver blanc*.

« Le hanneton, dit M. Valéry Mayet, cet ennemi si connu des cultivateurs, ne jouait, il y vingt ans, en viticulture qu'un rôle très secondaire. L'insecte parfait si nuisible aux feuilles des arbres en général, n'attaque qu'exceptionnellement les pampres de la vigne, et la larve (ver blanc) n'exerce sur les racines des vieilles souches que des dégâts peu appréciables.

Il n'en est pas de même pour les jeunes vignes encore peu racinées, et, depuis l'invasion phylloxérique, l'importance des ravages exercés sur les jeunes plants, greffés ou non, tenus en pépinière a fait de cet insecte un ennemi avec lequel il faut compter. »

On sait que le hanneton met trois ans à accomplir le le cycle de ses métamorphoses que l'on peut résumer ainsi :

Le hanneton passe,	à l'état d'œuf	1 mois
	à l'état de larve 1re année	6 —
	« « 2e année	12 —
	« « 3e année	7 —
	« nymphe	1 —
à l'état d'insecte parfait, enterré ou hors de terre.		9 —
	Total......	36 mois

C'est donc pendant les 25 mois que le hanneton reste à l'état de larve qu'il commet le plus de dégâts. Les moyens de destruction contre le hanneton ne manquent pas. Le ramassage à la main a été le plus usité et certains départements allouent encore une prime par kilogramme d'insectes recueillis. On a aussi essayé les poulaillers roulants, utilisés aussi pour d'autres insectes nuisibles aux vignes dans quelques départements du Nord.

La naphtaline répandue dans les pépinières de jeunes plants a été également employée pour éloigner les femelles qui vont pondre... etc.. etc.

Les deux derniers remèdes auxquels on paraît s'être arrêté sont les suivants : les injections de sulfure de carbone par le pal injecteur ont été essayées très fructueusement par M. Croisette-Desnoyers et par M. Vermorel qui en ont retiré les meilleurs résultats. Le second moyen, qui est le plus récent, consiste à répandre sur le sol des spores de l'*Isaria densa*, champignon parasite du ver blanc, de façon à l'infester artificiellement et à occaner chez lui une véritable épidémie Ce procédé est dû à M. Le Moult, et a pleinement réussi partout où il a été essayé.

2. — Les parasites végétaux

Les parasites animaux ne sont pas les seuls ennemis de la vigne. Divers *cryptogames* ou *champignons* nuisent aussi à son développement, à ses fruits et même à son existence. Ils se composent, comme tous les champignons d'un corps végétatif, ou *mycélium*, qui prend sa nourriture aux dépens de la vigne, et de corps reproducteurs, ou *spores* apparaissant à maturité.

POURRIDIÉ. — Plusieurs espèces de cryptogames se développent sur les racines de la vigne; deux au moins l'*Agaricus melleus* et le *Dematophora nécatrix* sont bien connues : Elles engendrent sur les plants occupant un terrain trop humide la maladie dite POURRIDIÉ. Les racines se remplissent d'eau, se pourrissent, et la souche s'arrache facilement. Beaucoup d'arbres fruitiers sont sujets au *Pourridié*; tous donnent la dernière année, avant de périr, une récolte exceptionnellement abondante.

Bien qu'on ait préconisé l'emploi des sels de potasse et de chaux, et de superphosphates, il n'existe pas de remède capable de guérir le mal; ont peut seulement le prévenir en assainissant et drainant le sol, ou empêcher la contagion en supprimant ou isolant les plants contaminés.

C'est aux feuilles et quelquefois aux fruits que s'attaquent les champignons dont la présence détermine les maladies de l'OIDIUM, de l'ANTHRACNOSE et du MILDEW.

OIDIUM. — Ce champignon, dont le développement est singulièrement favorisé par l'excès de chaleur et d'humidité de l'atmosphère, couvre tout le plant, dans ses parties vertes, d'une poudre ou moisissure, blanche au début, puis tournant au gris. Ainsi attaqués les rameaux s'étiolent, les feuilles tombent, les grains se dessèchent.

Pour y porter remède, on a recours à trois soufrages (employer de préférence le soufre trituré et bluté) pratiqués en mai, juin et juillet, par un temps sec et chaud, un vent léger, si possible au moyen de sabliers, soufflets, ou hottes à soufflets de divers systèmes.

ANTHRACNOSE — (*Sphaceloma ampelinum*). L'humidité du sol et celle de l'atmosphère sont, avec la chaleur, les conditions déterminantes de cette maladie. Des taches noires ou bordées de noir se montrent sur toutes les parties vertes par points ou macules qui s'étendent et se creusent, arrêtant la croissance des rameaux, des feuilles, des raisins.

Par le drainage du sol et le badigeonnage des souches au moyen d'une solution concentrée de sulfate de fer, on peut prévenir le mal. — Lorsqu'il est déclaré, un saupoudrage répété avec des mélanges de soufre et de chaux en a ordinairement raison.

MILDEW — Cette terrible maladie est causée par une cryptogame dénommée *Peronospora* (Planchon 1878). Elle envahit la face supérieure des feuilles, lui donnant une couleur jaunâtre de plus en plus foncée, tandis que la face inférieure se couvre de macules blanches. Des efflorescences analogues se manifestent sur toutes les parties vertes. Les jeunes grains en sont aussi couverts d'ordinaire ; plus avancés, la maladie les fait brunir et durcir, surtout à la base.

Appauvrissement de la végétation, maturation incomplète des grains, et par suite manque de couleur de d'alcool dans le vin, telles sont les conséquences du Mildew. Il se manifeste au printemps, par des températures de 25 à 30 degrés, et suffisament humides. Dans bien des contrées, on attribue uniquement la maladie à l'influence de la rosée, des brouillards et du soleil.

Les sels de cuivre, employés sous forme liquide (Eau céleste, Bouillies diverses, etc) ou solide (Poudres, sulfate de cuivre, etc.) pour combattre le Mildew, ont donné des résultats assez bons, mais incomplets ; ils sont d'ailleurs inoffensifs au point de vue de l'alimentation et de la qualité des vins.

D'autres cryptogames se développent presque uniquement sur les grains.

BLACK-ROT. — Une de ces cryptogames, la *Phoma uvicola*, est celle du *Blac-Rot* ou *Rot noir*. Comme les précédents, elle exige pour se développer un milieu chaud et humide, mais très rarement on constate sa présence sur d'autres parties que les grains. Elle y forme une tache rouge pâle qui, très rapidement, s'étend, rend le grain entier brun et mou, puis sec, noir foncé et couvert de proéminences également noires. Elle attaque surtout le fruit de l'*Aramon*.

Mêmes remèdes que pour le Mildew ; résultats jusqu'à présents douteux.

ROT BLANC. — (*Coniothyrium diplodiella*). Analogue au précédent ; mêmes remèdes ; se montre plus fréquemmment sur les sarments. Néanmoins il n'attaque d'ordinaire que le pédoncule et les pédicelles de la grappe — dont il détermine assez souvent la chute — ensuite, et quelquefois en même temps, les grains.

Il produit des taches livides et des pustules d'un rose jaunâtre, plus foncées sur le pédoncule. Le grain se flétrit et se dessèche.

Maladies et Altérations des vins.

Sous le nom de *maladies* des vins, nous ne comprendrons pas les *défauts naturels*, qui proviennent de la nature même du crû, du terroir, du mode de culture ou de vinification,et auxquels on peut remédier par des cépages ou vinages bien entendus.— Nous ne nous occuperons que des altérations accidentelles qui surviennent après la fermentation complète, alors que le vin a dû d'abord être considéré comme très bien fait, qui le modifient au point souvent de le rendre imbuvable, et qui nécessitent un véritable traitement, quelquefois purement mécanique, d'ordinaire chimique, comportant l'addition ou le mélange de matières étrangères.

Ces maladies sont sensibles et reconnaissables par la dégustation; nous pouvons même dire, avec les meilleurs œnologues, que la dégustation est, pour quiconque en a une sérieuse pratique, le moyen de pronostiquer le plus infailliblement; car l'analyse chimique et l'examen au microscope exigent trop de précision et de délicatesse pour ne pas donner facilement lieu à erreur. La science d'un Pasteur seule est capable de déterminer exactement par l'analyse le degré, ou même la nature de telle ou telle altération du vin. comme elle a pu seule en établir la cause et l'origine unique. A Pasteur, en effet, l'honneur d'avoir découvert les ferments spéciaux dont le développement modifient la nature et les qualités du précieux liquide qui nous occupe.

GRAISSE. — Nous avons vu au chapitre de la *Vinification* que les éléments constitutifs du vin, ayant pour qualités distinctes la richesse en sucre d'une part, de l'autre l'acidité, doivent être mis en présence et mélangés dans de justes proportions. Si ces proportions n'ont pas été bien établies, il en résultera de graves inconvénients et certaines maladies du liquide. Une de ces maladies est celle que l'on nomme la *graisse*. Causée par l'insuffisance des principes acides, elle se manifeste surtout dans les vins faibles, encore incomplètement dépouillés, et même affecte presque uniquement les vins blancs, dont la fermentation s'est opérée hors la présence de la rafle. Dans ces vins, qui renferment un excès d'albumine, se développe un ferment décrit par Pasteur : ils deviennent plats, ils deviennent plats, de couleur trouble et sale, de fluidité imparfaite comparable à celle de l'huile.

Parmi les remèdes préconisés pour prévenir ou combattre la *graisse*, le meilleur, presque infaillible, est le tanin de raisin, à la dose de 30 gr. dans un litre d'alcool par hectolitre ; on donne ainsi au vin un supplément de matière astringente qui fait équilibre à l'excès de sucre. — Dans les cas peu graves, le fouettage du vin, l'action de le faire tomber de haut dans des baquets, de secouer fortement les fûts, ou simplement le séjour dans une cave fraîche, ont quelquefois raison du mal.

ACIDITÉ. -- Cette maladie, appellée aussi *ascescence, piqûre* ou *aigrissement*, est bien connue parce qu'elle est très commune et très redoutée. — Point n'est besoin de recommander de ne pas confondre un vin *piqué* avec un vin *très vert* ou ayant naturellement beaucoup d'acidité ; le dégustateur tant soit peu expérimenté ne s'y trompera pas. D'ailleurs les vins acides ne se piquent généralement pas, et cela par une simple raison : la richesse en sucre entraine la richesse en alcool, et c'est l'alcool qui, transformé en acide acétique par sa combinaison avec l'oxygène de l'air, détermine la piqûre, ou développement du *mycoderma aceti*, étudié par Pasteur.

La première précaution à prendre pour éviter cette maladie est donc, en dehors des soins de propreté à donner à tous les objets, instruments ou récipients en contact forcé avec le vin, de préserver ce dernier du contact de l'atmosphère. Pratiquer régulièrement l'*ouillage*, tenir les fûts bien bouchés, au besoin par une couche d'huile, comme cela se fait en Italie, ne jamais les laisser en vidange, tels sont les moyens les plus sûrs d'empêcher le développement du *mycoderma aceti*. Le soufrage donne aussi d'excellents résultats à ce point de vue.

Quant aux remèdes à apporter à la maladie une fois déclarée, ils sont nombreux : tanisage des vins trop doux, emploi de bonnes lies sur lesquelles on jette le vin à traiter, ou de cendres de bois que l'on y introduit, traitement par le carbonate de chaux, par le lait, par le tartrate neutre de potasse ou la potasse caustique, ces deux derniers recommandés par les œnologues les plus en renom.

Mais il est à remarquer que l'alcool transformé en acide acétique n'est reformé par aucun de ces procédés ; il faut donc, après avoir guéri le vin, le remonter ou le viner.

POUSSE ou TOURNE. — Les vins faibles et communs, rouges ou blancs, sont sujets à se troubler, à noircir lorsqu'ils sont exposés à l'air, à devenir plats, de mauvais goût à dégager de l'acide carbonique. Dans leur masse on peut voir, lorsqu'on les agite doucement, comme des ondes soyeuses — Ces vins ont la maladie de la *tourne* ou de la *pousse*, qui se manifeste surtout aux époques ou la vigne entre en sève et provient du contact avec de mauvaises lies. L'altération commence par le bas.

On peut prévenir la *pousse* en faisant cuver le vin avec la grappe et le soutirant à plusieurs, reprises de manière à le séparer de la lie.

C est encore en le soutirant qu'on le guérit une fois la maladie déclarée, mais il faut en outre y ajouter de l'acide tartrique ou le passer sur des marcs frais ; le chauffage et le collage aux blancs d'œufs donnent aussi de bons résultats lorsque le mal n'est pas très développé.

Par suite d'une tourne de nature particulière, le vin perd parfois tout son acide tartrique et fait éprouver au palais lorsqu'on le déguste, un picotement très sensible ; il est dit alors *absinthé*.

Le remède consiste à viner le vin, à le soutirer, à le coller, et à y ajouter l'acide tartrique qui lui manque (60 gr. par hectolitre).

AMERTUME. — Les vins vieux, surtout ceux de la Haute-Bourgogne, sont sujets à l'*amertume* ; cette maladie n'attaque guère les vins ordinaires, qu'on consomme généralement avant leur deuxième ou troisième année. Elle donne au liquide une fadeur qui se transforme bientôt en un goût amer ; comme la précédente, elle provient d'une décomposition du tartre.

On la guérit, soit en mélangeant au vin contaminé un vin plus jeune, soit en le repassant sur de bonnes lies fraiches et en y jetant une solution d'acide tartrique.

Pour la prévenir, il est essentiel d'opérer avec soin le triage des grains avant la mise en cuve.

GOUT D'ÉVENT. — Laissé en vidange, le vin peut perdre par évaporation une partie de son alcool ; il devient fade et plat et contracte un goût désagréable dit : *goût d'évent*.

L'ouillage, le soufrage, sont les remèdes préventifs de cette maladie. — La mise en bouteilles, le vinage, le mélange avec un vin généreux et jeune, l'acide tartrique, peuvent le faire disparaitre

GOUT DE POURRI. — Du goût d'évent, les vins placés dans les conditions déjà décrites peuvent passer au goût de *poux* ou de *pourri*, auquel on peut encore remédier, si l'on n'a pas attendu trop longtemps par le soutirage. le soufrage, et surtout par un fort vinage au vin ou à l'eau-de-vie. Les vins atteints de cette maladie subissent une complète décomposition et perdent entièrement leur couleur, s'ils ne sont pas soignés.

VIN CASSÉ. — C'est l'action de l'air qui *casse* les vins, c'est-à-dire qui altère leur limpidité, au moment du soutirage en général. Le traitement est celui de la *pousse*, suivi d'un collage léger.

Cette maladie, assez récemment constatée est attribuée à l'influence des parasites animaux et végétaux de la vigne.

VIN ROUSSI. — Un vin blanc *roussi* est un vin *cassé*. Fait avec certaines espèces de raisins, il subit, au contact de l'oxygène de l'air, une modification de couleur et de goût, surtout si, en vieillissant, il a perdu une partie de son acidité.

Le collage pratiqué avec précaution corrige les vins roussis. On doit d'ailleurs, en faisant les soutirages, éviter autant que possible le contact de l'air et des matières alcalines.

VIN ÉCHAUFFÉ. — Une couleur trouble, une chaleur désagréable qui se manifeste à la bouche sont, chez les vins trop jeunes et légers, ou usés, les symptômes avant-coureurs de la *piqûre*. — On peut y rémédier par le méchage, le soutirage, l'exposition des fûts à l'air froid, un lèger traitement analogue à celui suivi pour guérir l'acescence, et le vinage.

MOUSSE OU ÉCUME. — L'excès d'acide met en dissolution dans certains vins, d'ailleurs fort beaux, les matières albuminoïdes, de sorte que, si on l'agite, le liquide se couvre d'une écume persistante. — Une légère addition de tanin corrige facilement ce défaut.

FERMENTATION ANORMALE. — Lorsque la fermentation en fûts ou même en cuve persiste au-delà de la durée normale, lorsqu'elle se produit accidentellement, on peut l'enrayer p r le chauffage, le soutirage, le méchage, et par une addition de tanin et d'acide tartrique. On peut aussi mouiller les futailles, ou, ce qui revient au même, les couvrir de paille mouillée.

.VIN BLANC TOURNANT AU JAUNE OU AU NOIR. — Les vins blancs faibles en alcool, faits avec des raisins imparfaitement mûrs, gâtés ou salis, prennent souvent au contact de l'air une teinte jaune qui peut arriver au noir ; en même temps ils contractent un goût d'évent. — Une précaution élémentaire à prendre consiste à les soutirer toujours à l'abri du contact de l'air ; il est bon, en outre d'ajouter à ces vins du tanin, de les alcooliser légèrement et de les coller.

VIN BLANC A TEINTE ROSÉE. — Que cette teinte provienne des pe licules du raisin, du bois dont est fait le fût, ou du séjour dans ce fût d'un vin rouge, on peut la faire disparaître par le méchage et le collage. Si cependant elle persistait encore, l'action du charbon végétal comme décolorant en aurait facilement raison.

GOUT DE TERROIR. — La nature du sol et certains engrais peuvent communiquer au fruit de la vigne et au vin même un goût plus ou moins désagréable. Soutirages fréquents, collages énergiques, tels sont les remèdes à employer.

On peut encore traiter le vin par l'huile d'olive. Ce procédé présente un avantage sur le précédent : il n'altère ni n'affaiblit la couleur du vin. — Il consiste à mélanger aussi intimement que possible, par le fouettage, de l'huile d'olive pure (un demi-li re par hecto) avec le vin qu'il s'agit de corriger. On laisse ensuite reposer : l'huile, qui contient en dissolution tous les mauvais ferments dont elle s'est emparée, remonte à la surface, surnage; on la chasse alors au dehors en faisant le plein; enfin on colle.

GOUT DE FUT OU DE MOISI, GOUT DE BOIS VERT, DE BOUCHON, ETC. — Ce même traitement à l'huile d'olive fait disparaître le *goût de fût ou de moisi* qui rend imbuvables les vins peu soignés et tenus dans des tonneaux mal assainis.

Il est souverain aussi lorsque le vin, par une série de causes trop longue à énumérer, a contracté un des goûts; de *bois vert*, de *bouchon*, *d'anis*, de *térébenthine*, de *graillon*, de *mélasse*, *d'eau croupie*, de *soufre*, etc.

L'emploi du charbon végétal est à recommander dans les mêmes cas, mais seulement s'il s'agit de vins blancs. Le charbon, en effet, est un décolorant aussi bien qu'un désinfectant. — L'aération, quelque énergiquement qu'elle soit pratiquée, ne suffit presque jamais.

Ce que nous venons de dire au sujet de la rectification des saveurs désagréables s'applique aussi au traitement des vins présentant l'odeur fétide qui accompagne d'ordinaire les goûts précédemment cités.

VIN GELÉ. — Lorsque le vin se congèle, il perd sa limpidité et devient plat. Il convient alors, après avoir soigneusement enlevé les glaçons, de le soufrer, coller et viner, si l'on ne préfère procéder à un bon coupage.

Nous avons vu que la plupart des maladies des vins sont préparées, sinon causées, par leur faiblesse. Nous avons vu également qu'il est facile de donner à ces vins, soit l'alcool, soit le tanin qui leur manque. — Indiquer le mal, c'est donc, dans presque tous les cas, indiquer le remède.

ALAMBIC à DISTILLATION CONTINUE

Système A. ESTÈVE

8 Médailles d'Or. — 3 prix d'Honneur en 1893

F. BESNARD, ingénieur-constructeur

Chevalier du *Mérite Agrico'*

28, rue Geoffroy-L'Asnier, 2o, à PARIS

—o—

SUPPRESSION
DE L'EAU
pour
LE RÉFRIGÉRANT

—x—

Eaux-de-Vie de Vins, Lies, Marcs,
Fruits, Cidres, Hydromels, etc.,
obtenues sans repasse.

**CHAUFFAGE
RÉGULIER
& ÉCONOMIQUE
AU PÉTROLE**

VENTE AVEC GARANTIE

Type	**A**	distillant	**90**	lit. vin ou cidre	en 24 heures	Prix	**65** fr.
»	**B**	»	**180**	» »		»	**100** fr.
»	**C**	»	**270**	» »		»	**150** fr.
»	**D**	»	**800**	» »		»	**300** fr

Envoi franco du Catalogue sur demande

TABLE DES MATIÈRES

CHAPITRE I. — *Le Vignoble Français*......... 3

CHAPITRE II. — *Les Cépages Européens cultivés en France*. — Considérations générales sur le sol et le climat qui leur conviennent......... 19

CHAPITRE III. — *La Vigne Américaine*. — Ses origines. — Principales variétés ; leur résistance et leur adaptation. — Choix des cépages... 35

CHAPITRE IV. — *Vendange et Vinification*. — Cueillette, Triage, Foulage, Fermentation, Essai des moûts, Cuvaison, Décuvage. — *Vinifications spéciales* : Vins blancs. Vins noirs, Vins mousseux, Vins rosés, Vins de liqueurs. — *Amélioration des vins par les levures sélectionnées*...................... 48

CHAPITRE V. — *Traitement des Vins*. — Les caves, leur assainissement. — Du matériel. Ouillage, soutirage, collage, filtrage. — Mise en bouteille................................ 64

CHAPITRE VI. — *Les Ennemis de la Vigne*.
I. *Parasites animaux* : Phylloxera vastatrix. — La grisette de la vigne. — La pyrale de la vigne. — La cochylis. — L'altise. — Le gribouri. — Le vespère de Xatart. — Le rhynchite ou attelabe. — Les charançons coupe-bourgeons Le Hanneton vert ; le Hanneton commun.
II. *Parasites végétaux* : Le Pourridié, l'Oïdium, l'Anthracnose, le Mildew, le Black-Rot, le Rot-Blanc...................................... 69

CHAPITRE VII. — *Maladies et altérations des vins*. — Graisse, Acidité, Pousse ou tourne, Amertume, Goût d'évent, Goût de pourri, Vin cassé, Vin roussi, Vin échauffé, Mousse ou écume, Fermentation anormale, Goût de fût, de moisi, de terroir, Vin gelé, etc., etc....... 92

ANNONCES.. 99

www.ingramcontent.com/pod-product-compliance
Ingram Content Group UK Ltd.
Pitfield, Milton Keynes, MK11 3LW, UK
UKHW012051240726
13965UKWH00003B/1194

9 782013 572248